DER STERN DER WEISEN

Walther Bühler

DER STERN DER WEISEN

Vom Rhythmus der
Großen Konjunktion Saturn – Jupiter

VERLAG FREIES GEISTESLEBEN

CIP-Kurztitelaufnahme der Deutschen Bibliothek

Bühler, Walther:
Der Stern der Weisen: vom Rhythmus d. Großen
Konjunktion Saturn – Jupiter / Walther Bühler. –
Stuttgart: Verlag Freies Geistesleben, 1982.
ISBN 3-7725-0760-3

© 1983 Verlag Freies Geistesleben GmbH, Stuttgart
Satz und Druck: Greiserdruck, Rastatt

Inhalt

Vorwort

Eine Vorstufe dieses Buches lag in der Veröffentlichung des Verfassers vor, die unter dem Titel «Die Sternenschrift unseres Jahrhunderts» im gleichen Verlag 1962 erschienen war. Der Anlaß dazu war damals die Große Konjunktion von Saturn und Jupiter im Jahre 1961 und die darauf folgende universelle Begegnung aller «sieben Planeten» im Sternbild Steinbock, die im Februar 1962 kulminierte.

Die weltweite Aufmerksamkeit, welche die dreifache Konjunktion beider Planeten im Jahre 1981 fand, regte dazu an, das Thema der obengenannten Schrift neu zu bearbeiten und weiter zu verfolgen. Diese Arbeit wäre nicht möglich gewesen ohne eine lebenslange Beschäftigung mit kosmologischen Fragen, die schon während der Schulzeit ihre Wurzel im besonderen Interesse an den Erscheinungen des Himmels und an der Astronomie selbst hatten.

Bei diesem Bemühen stellte sich heraus, daß die «Königliche Konstellation», die seit Johannes Kepler mit dem Stern von Bethlehem in Zusammenhang gebracht wird, weitreichende Ausstrahlungen hat. Zunächst galt es abzuklären, inwieweit der Auffassung Keplers überhaupt noch eine Berechtigung zukommt und wie innere, spirituelle und äußere astronomisch-astrologische Gesichtspunkte in Einklang gebracht werden können. Im Lichte einer durch geisteswissenschaftliche Erkenntnisse erweiterten Kosmologie mußten sowohl astronomisch-rhythmologische Aspekte als auch menschenkundliche und geistesgeschichtliche Hintergründe untersucht werden, deren Verständnis beim Leser wesentliche Grundkenntnisse der Anthroposophie voraussetzt. Die in Betracht kommenden astronomischen Erscheinungen wurden jeweils eingehender behandelt und mit Figuren versehen, um auch dem auf diesem Gebiete weniger Bewanderten das Verständnis zu erleichtern. Um bei der Einbeziehung so vieler geisteswissenschaftlicher Gesichtspunkte nicht allzu ausführlich zu werden, mußte in größerem Umfang auf Wortlaute Rudolf Steiners zurückgegriffen werden. In einem detaillierten Literaturverzeichnis findet sich der Nachweis der betreffenden Zitate, falls man sie in ihrem ursprünglichen Zusammenhang aufsuchen möchte.

Die Menschheit ist heute in Gefahr, den Zusammenhang mit ihren geistigen Ursprungsquellen, die dem gesamten Kosmos angehören, völlig zu verlieren. Ein nur quantifizierendes, analytisches Denken der Naturwissenschaft erhöht – trotz aller damit verbundenen technischen Fortschritte und großartiger astronomischer Untersuchungsmöglichkeiten – die angedeutete Bedrohung. In der vorliegenden Arbeit wurde es unternommen, auf der Grundlage spiritueller Erkenntnisse durch die Bemühung um ein ganzheitliches Denken zu einer Zusammenschau verschiedenster Lebensbereiche zu gelangen. Ein solches Vorgehen setzt das phänomenologische Ernstnehmen kosmischer Rhythmen voraus, die in Ablauf und Zusammenklang ein Geistiges zu offenbaren vermögen. Dieses ist Teil der spirituellen Substanz, in der die Magier lebten, und muß in zeitgemäßer Form wiedergefunden werden. Der «Leitstern», dem die drei Weisen folgten, entpuppt sich dabei als ein Sternengeschehen, welches im Aufbau der Generationenfolge des Matthäus-Evangeliums wirkte und die Bewußtseinsentwicklung der Menschheit bis in unsere Zeit begleitet. Es erweist sich zugleich als der Schlüssel zu einem neuen rhythmologischen Verständnis des Lebens Jesu und einer wesentlichen kosmologischen Seite des Mysteriums von Golgatha als Impuls zum «Sonne-Werden» der Erde. Mögen viele Leser durch solche ersten, tastenden Schritte einer in die Zukunft weisenden, spirituell orientierten Rhythmusforschung zu einer selbständigen Weiterverarbeitung der aufgeworfenen Fragen angeregt werden.

Weihnachten 1982   Walther Bühler

I

Der Stern von Bethlehem

Die Auffassung Johannes Keplers

In keiner künstlerischen Darstellung der Christgeburt fehlt der auf das heilige Paar niederstrahlende ‹Stern von Bethlehem›, gleichgültig ob es sich um Gemälde von der Krippe mit dem Kinde oder um figural-plastische Darstellungen des Weihnachtsgeschehens unter dem Lichterbaum handelt. In den Oberuferer Weihnachtsspielen trägt ihn der Engel – weithin sichtbar – zumeist als sechsstrahligen goldenen Stern geformt, der Kumpanei voran. Sein erstes Erscheinen veranlaßte die drei Magier zum Aufbruch aus dem Morgenlande und wies ihnen den weiten Weg nach Palästina auf der Suche nach der Wiege des «Königs aller Könige». So begleitet er seither die Weihnachten feiernde Christenheit. Dabei wirkt er nicht nur wie ein Erinnerungzeichen oder wie ein Wegweiser, sondern wie ein Symbol für das in die Menschheits-Finsternis einstrahlende Weltenlicht. Wie der Morgenstern dem Sonnenaufgang, so geht er dem Aufgang der Geistessonne selbst am Jordan viele Jahre voraus.

Nur im Evangelium des Matthäus (2,1–12) wird uns von den «Weisen vom Morgenland und ihrem Stern» berichtet, wobei nicht einmal die Anzahl der in der Geschichte als die «drei Heiligen Könige» fortlebenden Gestalten genannt wird. Sie ergab sich wohl aus der Dreiheit ihrer Gaben in Gestalt von Gold, Weihrauch und Myrrhe. Der Bericht des Evangelisten lautet in der Übersetzung Martin Luthers:

(1) Da Jesus geboren war zu Bethlehem im jüdischen Lande zur Zeit des Königs Herodes, siehe, da kamen die Weisen vom Morgenland gen Jerusalem und sprachen:
(2) Wo ist der neugeborene König der Juden? Wir haben seinen Stern gesehen im Morgenland und sind gekommen, ihn anzubeten.
(3) Da das der König Herodes hörte, erschrak er und mit ihm das ganze Jerusalem.
(4) Und ließ versammeln alle Hohepriester und Schriftgelehrten unter dem Volk und erforschte von ihnen, wo Christus sollte geboren werden.

(5) Und sie sagten ihm: Zu Bethlehem im jüdischen Lande; denn also steht geschrieben durch den Propheten:

(6) Und du Bethlehem im jüdischen Lande bist mitnichten die kleinste unter den Fürsten Judas; denn aus dir soll mir kommen der Herzog, der über mein Volk Israel ein Herr sei.

(7) Da berief Herodes die Weisen heimlich, und er lernte mit Fleiß von ihnen, wann der Stern erschienen wäre,

(8) Und wies sie gen Bethlehem und sprach: Ziehet hin und forschet fleißig nach dem Kindlein; und wenn ihr's findet, so sagt mir's wieder, daß ich auch komme und es anbete.

(9) Als sie nun den König gehört hatten, zogen sie hin. Und siehe, der Stern, den sie im Morgenland gesehen hatten, ging vor ihnen hin, bis daß er kam und stand oben über, da das Kindlein war.

(10) Da sie den Stern sahen, wurden sie hoch erfreut

(11) und gingen in das Haus und fanden das Kindlein mit Maria, seiner Mutter, und fielen nieder und beteten es an und taten ihre Schätze auf und schenkten ihm Gold, Weihrauch und Myrrhe.

(12) Und Gott befahl ihnen im Traum, daß sie sich nicht sollten wieder zu Herodes lenken; und sie zogen durch einen andern Weg wieder in ihr Land.

Den Weisen im jüdischen Lande selbst, also den Pharisäern und Schriftgelehrten war trotz der stets regsamen Messias-Erwartung keine Kunde geworden von der bevorstehenden oder bereits geschehenen Geburt des Erlösers. Es bedurfte der Weisen, die aus den an Mysterientraditionen und Sternenweisheit erfüllten «Reichen des Ostens» (E. Bock) kamen, um ganz Jerusalem aufzurütteln. Warum aber vermochte der Stern die Weisen wohl zur rechten Zeit nach Palästina zu führen, nicht aber unmittelbar nach Bethlehem? Hier bewährte sich das Wissen der Schriftgelehrten, welche das Alte Testament genau kannten und auf die Prophetie Michas hinweisen konnten, die wörtlich lautet: «Und du, Bethlehem, Ephrata, die du klein bist unter den Städten Juda, aus dir soll mir der kommen, der in Israel Herr sei, welcher Ausgang von Anfang und von Ewigkeit her gewesen ist.»

Die angedeutete Messias-Erwartung lebte aber nicht nur im Judentum, sondern nachweisbar darüber hinaus im ganzen Umkreis der vorderasiatischen Kultur. Sie war aus dem Wissen der Mysterien gespeist, insbesondere aus dem Lichtkreis der Zarathustra-Kultur. Emil Bock macht in «Kindheit und Jugend Jesu» aufmerksam auf die «Geschichte der Dynastien» von Bar-Hebräus, eines syrischen Bischofs und berühmten Naturgelehrten (1226–1286). Dieser schildert den im 6. vorchristlichen Jahrhundert in Zaratas oder Nazaratos wiederverkörperten Zarathustra als messianischen Propheten: «Zu dieser Zeit lebte Zorodasht, der Lehrer der Sekte der Magier, der aus der Gegend von Aserbaidshan oder aus Assyrien stammte. Man sagt, er sei ein Schüler des Propheten Elias gewesen. Dieser belehrte die Perser über das Kommen Christi und befahl ihnen, ihm Geschenke darzubringen. Er verkündete ihnen: In den letzten Zeiten wird eine Jungfrau ein Kind empfangen, und wenn es geboren wird, so wird ein Stern erscheinen, der am Tage leuchtet und in dessen Mitte die Gestalt einer Jungfrau sichtbar ist. Ihr aber, meine Kinder, sollt vor allen Völkern sein Kommen bemerken. Wenn ihr also jenen Stern erblickt, so macht euch auf, wohin er euch führt, und bringt dem Kind anbetend eure Gaben dar. Das Kind ist das Wort, das den Himmel gegründet hat.»[1]

Das Rätsel des hier bereits voraus verkündeten Sternes erregte und beschäftigte seit dem Bericht des Matthäus die Gemüter der Christenheit. «Seit mehr als tausend Jahren zerbrechen sich namhafte Kirchenlehrer, Historiker, Astronomen und auch Astrologen darüber den Kopf, ob es tatsächlich einen Stern von Bethlehem gegeben hat und, wenn ja, was für ein Stern das war und zu welchem genauen Zeitpunkt er erschienen ist. Man hoffte und hofft mit der Enträtselung dieses Geheimnisses sowohl eine Bestätigung der Evangelienberichte, wie auch den genauen Zeitpunkt der Geburt Jesus feststellen zu können.»[2]

In der Tat hat man alle in Betracht kommenden astronomischen Möglichkeiten erwogen, da uns ja der Evangelist nicht mitteilt, was Herodes «heimlich» und «mit Fleiß» von den Weisen erlernte.

Es war naheliegend, an die auffallendste Himmelserscheinung, an einen Kometen, zu denken, wie er sich ja auch in vielen Darstellungen der Krippe findet. Scheinen doch die rasche Bahnbewegung und der Schweif eines solchen, zumeist unvorhersehbaren kosmischen ‹Neuankömmlings› förmlich auf ein bestimmtes Ziel hinzuweisen. Aber von dem Erscheinen eines großen Kometen um die Zeitenwende ist historisch nichts bekannt. Naheliegender ist es, an eine «Nova» zu denken, also an die «neuen Sterne», deren plötzliches Aufstrahlen auch für den

modernen Astronomen immer noch zu den erregendsten und rätselvoll-
sten Himmelserscheinungen zählt. Allerdings ersteht ein solcher Stern
nicht aus dem «Nichts». Es handelt sich vielmehr um – oft ganz
unscheinbare – Fixsterne, welche in wenigen Wochen ihre Leuchtkraft
um das Vieltausendfache steigern, um in Monaten langsam, oft auf- und
abstrahlend, wiederum zurückzutreten oder sich sogar ganz aufzulösen.
Sowohl Tycho de Brahe (im Jahre 1572) als auch Johannes Kepler hatten
das schicksalhafte Glück, in ihrem Forscherleben das tief beeindruk-
kende Phänomen einer solchen Nova zu erfahren.

Im Oktober 1604 leuchtete am Fuß des Schlangenträgers über dem
Sternbild Skorpion die Nova auf, welche Kepler bis zu ihrem Verleuch-
ten Ende 1605 mit größtem Interesse beobachtete. Während dieser Stern
noch am Himmel stand, entdeckte Kepler, in der mühevollen rechneri-
schen Verarbeitung des von Tycho de Brahe geschaffenen und ihm
überlassenen Beobachtungsmaterials der Mars-Stellungen, die wahre
Form der Bahn dieses Planeten, die Ellipse. Das Fundament der ganzen
modernen Himmelsmechanik wurde damit gelegt als ein Ausdruck des
Ergreifens der rein physischen Seite der Welt im beginnenden Bewußtseinsseelen-Zeitalter der Menschheit.

Zugleich aber berührte die Nova zutiefst jene zweite Seite in Keplers
frommer Seele, die noch mit dem inneren Nachklang der alten spirituellen Sternenweisheit verbunden war. Sie spiegelte sich in den mannigfa-
chen, sein ganzes Leben begleitenden Bemühungen astrologischer Art.
Was hatte der neue Stern zu bedeuten? Für Kepler war es kein Zufall,
daß er sich unmittelbar oberhalb der beiden Planeten Saturn und Jupiter
im Skorpion zeigte, und zwar «gerade an dem Tag, an welchem . . . der
schnellste, der Mars zu dem Jovi als dem weitern gekommen, und also
die Conjunktion ganz und gar vollkommen gemacht: Da hat Gott
abermals am hohen Himmel, und zwar gerade an dem Ort, da die drei
Planeten beieinander gestanden, einen ungewöhnlichen neuen Stern
angeflammet, und über ein ganzes Jahr also stehen lassen, ohne Zweifel
anzuzeigen, daß abermals etwas Seltsames in der Welt anfange, so zu
seiner Zeit soll ans Tageslicht herfür kommen . . .»[3] Keplers Aufmerksamkeit war auf diese Himmelsgegend bereits im Jahre zuvor gelenkt
worden, wo sich Saturn und Jupiter wieder einmal zu einer sich nur alle
20 Jahre wiederholenden Großen Konjunktion zusammengefunden hatten. Diese klang zwar 1604 ab, steigerte sich aber zugleich durch das

Hinzukommen des Mars zu einer größten Konjunktion aller drei obersonnigen Planeten.

Kepler hatte sicherlich schon viele Jahre zuvor über das Rätsel des ‹Sterns von Bethlehem› nachgedacht. Ihm war bekannt, daß die «Chaldäer in ihren Regeln gefunden, daß bei solchen Conjunktionen große Leute geboren werden . . .» So überkam ihn beim Hinzutreten der Nova – wie eine Inspiration – die Idee, etwas Ähnliches müsse sich am Himmel um die Zeitenwende abgespielt haben. Dank seiner mathematischen Begabung und Kenntnisse war er in der Lage zurückzurechnen und fand zwar keine größte Konjunktion, aber jene große Konjunktion von Saturn und Jupiter im Jahre 7 vor Christi, die sich *dreimal* im gleichen Jahr wiederholte. Es war wohl diese relativ seltene Verdreifachung, die Kepler so tief beeindruckte, daß er als selbstverständlich annahm, auch sie sei vom Aufleuchten einer Nova begleitet gewesen, und sich in seiner Auffassung von der Natur des Sterns der Weisen bestätigt fühlte. So konnte er 1622 im Hinblick auf die erneute große Konjunktion der beiden Großplaneten im Jahre 1623 im Sternbild Krebs und im Rückblick auf seine Gedanken um 1604 schreiben: «. . . daß Gott dieserlei große Conjunktionen mit sichtbaren extra ordinari Wundersternen am hohen Himmel, auch mit namhaften Werken seiner göttlichen Providenz selber zeichnet. In Maßen ehrt er die Geburt seines Sohnes Christi, unseres Heilandes gleich zurzeit der großen Conjunktion im Zeichen der Fische und des Widders, circa punktum aequinoctialem geordnet und beides, sowohl dieses Geschehnis auf Erden, als auch die Conjunktion am Himmel, mit einem neuen Stern gezeichnet: Durch Vermittlung desselben hat er die Weisen oder Magos aus Morgenland . . . diese, sprech ich, hat Gott durch den Stern nach dem jüdischen Land, und in dessen kleines Städtlein Bethlehem zu der Krippen und Geburt des neugeborenen Königs der Juden geleitet, . . .»[3]

Suso Vetter macht darauf aufmerksam, daß Kepler also als den eigentlichen Stern der Weisen eine Nova und «nicht die in Konjunktion stehenden Planeten, wie dies so oft gesagt und geschrieben wird»[4], angesehen hat. Es ist schwer zu sagen, wie diese falsche oder einseitige Auffassung der Darlegungen Keplers zustande kam. Dies mag damit zusammenhängen, daß von einer Nova um die Zeitenwende, deren Aufleuchten nachträglich ohnehin nicht zu beweisen wäre, in der Geschichte der Astronomie ebensowenig bekannt ist, wie von dem

Erscheinen eines Kometen. Haben doch die in jener Zeit schon sehr genau beobachtenden chinesischen Astronomen vom Aufleuchten echter Novae, was Ort und Zeit ihres Auftretens anlangt, wissenschaftlich nachprüfbar berichtet. So schob sich wohl für das Bewußtsein vieler Nachfolger Keplers, die sich vor allem auch im astrologischen Sinne mit dem Rätsel des Sterns der Weisen befaßten, die so interessante und berechenbare dreifache Große Konjunktion allmählich ganz in den Vordergrund.

Andererseits darf nicht übersehen werden, daß Kepler ein ganzheitliches Denken besaß. Er hätte nie eine Nova als solche als den alleinigen Wegweiser der Magier angesehen. Er wußte, daß die Erscheinung einer Nova kein einmaliges Ereignis ist. Erst im Zusammenhang mit einer größten oder Großen Konjunktion, «. . . bei der große Leute geboren werden» (!), gewann sie jene Qualität als Sonderfall, die sie zum Stern der Weisen machte und die Geburt des Messias selbst anzeigen konnte. Von den fernen Fixsternwelten her brauchte der «Wunderstern» im Sinne Keplers die Einbettung in den Dreiklang der Sphärenharmonie von Saturn und Jupiter gleichsam als Brücke zum irdischen und menschlichen Geschehen.

Eine große Zahl von Forschern hat sich in der Neuzeit, von Kepler angeregt, mit dem ‹Stern der Weisen› im Hinblick auf die dreifache Große Konjunktion wenige Jahre vor der Zeitenwende befaßt. Dabei ging man – wie wohl auch Kepler – von der nicht selbstverständlichen Annahme aus, daß die Geburt Jesu tatsächlich in das Jahr 7 vor Christus falle und demnach der Beginn der christlichen Zeitrechnung auf irrtümlichen Voraussetzungen beruhe.

Selbstverständlich hat man sich auch darüber Gedanken gemacht, inwiefern die besondere Konstellation von Saturn und Jupiter überhaupt die drei Weisen zur Erkenntnis von Zeitpunkt und Örtlichkeit der Geburt des Messias hatte führen können. Man war sich darüber im klaren, daß dies das rein äußere, astronomische Erscheinungsbild zweier Lichtpunkte unter tausend andern nicht vermochte. Man mußte das Wissen oder den Glauben der uralten Sternenweisheit einbeziehen, die besonders in Chaldäa und Babylonien gepflegt wurde und die heute immer noch – abseits und verfemt von der Naturwissenschaft – in Gestalt der überlieferten Astrologie ihr Dasein fristet.

Die dreifache Große Konjunktion zur Zeitenwende spielte sich im

Sternbild der Fische ab, das in dieser Weltenzeit im Rahmen des platonischen Weltenjahres mit dem Tierkreis-*Zeichen* Fische zusammenfiel. Zur Deutung einer solchen Konstellation im Sinne der Überlieferung war die Beachtung des Sternbildes selbst oder des Tierkreiszeichens, in dem sie sich ereignete, unerläßlich. Mit gutem Grunde waren Landschaften, ja ganze Länder oder Völker bestimmten Sternbildern oder Planeten zugeordnet. Die ätherisch-astralischen Kräfte, welche eine Erdgegend in differenzierter Weise belebten und durchseelten, konnten noch gespürt und mit entsprechenden Gegenden des Kosmos, als der großen Ursprungswelt, in Beziehung gebracht werden. Deshalb gab es in der babylonischen Anschauung «eine Gleichsetzung von Himmelsbild und Erdbild, die sich im Laufe der Jahrtausende dahin entwickelte, daß auch irdische Landschaften am Himmel gesehen wurden. So war z. B. das Sternbild der Fische zugleich ‹Amurru›, ‹das Westland›. Was am Himmel in den Fischen geschah, mußte zugleich im Westland geschehen. So ist es zu verstehen, daß die ‹Weisen aus dem Morgenland›, als sie Jupiter und Saturn in enger Konjunktion im Frühaufgang im Sternbild der Fische entdeckten, sogleich wußten, daß etwas Großes im Lande Amurru sich ereignete.»[5]

Der Planet Jupiter galt stets als Repräsentant der Weisheit und Ordnungskraft der Herrscher, Könige, Hohen Priester und Richter. Seine gewöhnliche, nur alle 20 Jahre stattfindende Begegnung mit Saturn war ohnehin schon als die *Große Konjunktion* bekannt und hervorgehoben. Die Verdreifachung derselben war ein sehr seltenes und für alle Sternbeobachter unübersehbares und ungewöhnliches Ereignis; denn anstronomisch gesehen fand die letzte dreifache Konjunktion vor derjenigen im Jahre 7, 146 v. Chr., also 139 Jahre vorher statt. Die sogenannte Königsgestirnung war also im Leben der Magier tatsächlich ein einzigartiges und einmaliges planetarisches Phänomen am Himmel.

Die Verdreifachung der Großen Konjunktion wies also offensichtlich nicht nur auf die Geburt irgendeines «Großen» hin, sondern wurde auf die längst erwartete Geburt des «Königs aller Könige», des Messias selbst bezogen, die im Westen zu erwarten war. Aber Amurru, das Westland, war weit und groß. Doch nach uralter Überlieferung war Palästina dem mächtigen, langsamen Saturn zugeordnet. Die drei Magier mußten also nach dem jüdischen Lande und seiner wohl bekannten Hauptstadt Jerusalem aufbrechen, um Näheres über die Geburt und die genaue Geburtsstätte des geborenen Meisters zu erfahren und um ihm anbetend ihre Gaben darbringen zu können.

Der Versuch einer astronomischen, verstandesmäßigen Enträtselung des Sterns der Weisen geht sogar noch weiter. Heißt es doch bei Matthäus (2,9): «Als sie nun den König gehört hatten, zogen sie hin. Und siehe, der Stern, den sie im Morgenland gesehen hatten, ging vor ihnen her, bis daß er kam und stand oben über, da das Kindlein war.»

Man überlegte also z. B., in welcher Himmelsrichtung Bethlehem, von Jerusalem aus gesehen, liegt und in welcher Nachtzeit und Himmelsrichtung die angeblich wegweisende und «vor ihnen hergehende» Doppelgestirnung zu sehen war. Der Hinweis «und stand oben über» mußte als Stehenbleiben des Sterns aufgefaßt werden. Da es im Rahmen der täglichen, 24stündigen Umdrehung aller Sterne keinen «Stillstand» gibt, mußte dieser anders gedeutet werden. Um das Evangelium wörtlich im äußerlichen Sinne nehmen zu können, wurde diese Textstelle als Stillstand des in der Schleifenbewegung rückläufigen Jupiters aufgefaßt. Dieser damalige Stillstand des großen Planeten, der jeweils am Ende seiner Schleife den Umschwung zur erneuten Rechtsläufigkeit von West nach Ost im Tierkreis anzeigt, wurde deshalb berechnet. Er fand Ende November im Jahre 7 v. Chr. statt. Demnach seien, so schloß man scharf, die Heiligen drei Könige in dieser Zeit in Bethlehem eingetroffen. Von ähnlichen Überlegungen ausgehend, glaubte man sogar, das Geburtshoroskop Jesu aufstellen zu können.

Diese Hinweise, die um viele andere, ähnliche Überlegungen oder Theorien vermehrt werden könnten, seien hier nur als Beispiele angeführt, um zu zeigen, mit welchem Forscherfleiß man sich – immer von Johannes Kepler ausgehend – um die Aufklärung des Sterns der Weisen bemüht hat. Daß man dabei in Sackgassen geriet, ist unverkennbar.

Die Einseitigkeit all solcher Auffassungen ist in der Eigenart der naturwissenschaftlichen Denkweise und letzten Endes der Bewußtseinshaltung des modernen Menschen begründet. Dieses Bewußtsein stützt sich auf die Erfahrung der physischen Sinne und die verstandesmäßige Verarbeitung ihrer Wahrnehmungen. Im vorliegenden Falle wurden noch die fragmentarisch überlieferten, astrologischen Vorstellungen zu Hilfe gerufen. Man berücksichtigt nicht oder zu wenig, daß das Bewußtsein der Magier noch von hellseherischen Fähigkeiten durchdrungen war und in übersinnliche Tiefen des Kosmos vordringen konnte, die der heutigen Astronomie völlig verschlossen sind. Denn unsere Augen sind für die Götter, die für die Alten ihre Wohnstätte in den Wandelsternen hatten, blind, und unsere Ohren sind für die Harmonie der Sphären taub.

Das Christentum als Offenbarungsreligion urständet mit in den Erfahrungen eines noch geistoffenen Bewußtseins, von dem es im Neuen und im Alten Testament zahlreiche Zeugnisse gibt. Im Zusammenhang mit unserem Thema sei hier an die Geschichte des mächtigen Zauberers und Sehers *Bileam* erinnert, dem im 4. Buch Mose drei dramatische Kapitel gewidmet sind: Der Stamm der Moabiter und sein König Balak ist von Schrecken erfüllt vor dem unter Moses Führung heranziehenden Volk Israel und rufte Bileam zu Hilfe. Dieser soll, unterstützt von drei großen Opferfeiern, an jeweils sieben Altären gegen die drohenden Eroberer den Bannfluch aussprechen. Entgegen aller Erwartungen aber muß Bileam – der Inspiration seines Gottes folgend – im hellseherischen Anblick der Realität messianischen Zukunftsgeschehens dreimal segnen und bricht u. a. schließlich in die Worte aus: «Es sagt Bileam, der Sohn Beors, es sagt der Mann, dem die Augen geöffnet sind, es sagt der Hörer göttlicher Rede und der die Erkenntnis hat des Höchsten, der die Offenbarung des Allmächtigen sieht und dem die Augen geöffnet werden, wenn er niederkniet: Ich sehe ihn, aber nicht jetzt; ich schaue ihn, aber nicht von nahe. Es wird ein Stern aus Jakob aufgehen und ein Zepter aus Israel aufkommen und wird zerschmettern die Fürsten der Moabiter und verstören alle Kinder des Getümmels» (4. Mose 24,15–17).

Zweifellos handelt es sich bei diesem Stern nicht um die Vorausschau einer äußeren astronomischen Erscheinung. Mit den Worten «aus Jakob» ist eindeutig auf die Generationenfolge hingewiesen, in der sich eine erhabene Geistseele inkarnieren wird. Sie zeigt sich im imaginativen Bild als «Stern» und weist sich durch das «Zepter» als königliche Herrschergestalt aus. Bileam wurde zum Propheten des herannahenden Messias, vor dessen sternenhaftem Aufleuchten sich der Wille zum Zauberfluch in die Kraft des Segnens wandelte.

Damit aber stellt sich auch für die vorliegende Betrachtung die Frage: Haben wir es bei dem ‹Stern von Bethlehem› überhaupt mit einem äußerlich sichtbaren Stern oder Sternengeschehen zu tun? Die Magier hatten als Eingeweihte der Mysterien noch hellseherische Fähigkeiten. Erblickten sie etwa nur in innerer Schau ihren leitenden Stern? Deutet nicht auch die ihnen von Zaratas gegebene Weisung auf einen Stern, «der am Tage leuchtet und in dessen Mitte die Gestalt einer Jungfrau sichtbar ist» (s. Seite 3) in die gleiche Richtung? Denn in einem nur physischen Stern wäre auch mit dem besten Fernrohr keine Jungfrau zu erblicken. Der bildhafte Charakter der Prophetie ist unverkennbar.

In der Tat kann uns an diesem Punkt der Betrachtung nur das Einbeziehen übersinnlicher Erfahrungen im Sinne der modernen Geisteswissenschaft weiterführen. Für die Anthroposophie als «ein Erkenntnisweg, der das Geistige im Menschen zum Geistigen im Weltall führen möchte», ist die Erforschung der Sternenerscheinungen als äußerer Ausdruck der Geistigkeit des Kosmos ein besonderes Anliegen. Es gilt «die Sternenschrift in neuer Gestalt wieder lesen zu lernen». Die Sehnsucht danach lebte in Johannes Kepler, von dem Rudolf Steiner bemerkt, daß er «unbewußt empfand: ja, es kommt wieder eine Zeit herauf, wo die alte Astrologie in neuer Gestalt, in durchchristeter Gestalt aufleben darf, wo man wiederum, wenn man es nur recht macht, wenn man es macht durchdrungen von dem Christus-Impuls, aufblicken darf zu den Sternen und sie fragen darf um ihre geistige Kraft».[6]

Eine Nova, deren Erscheinen im Jahre 1604 Kepler als Krönung der dreifachen Konjunktion von Saturn, Jupiter und Mars empfand und als den eigentlichen Stern der Weisen ansah, ist um die Zeitenwende nicht nachweisbar. Die auf eine dreifache Große Konjunktion von Saturn und Jupiter eingeengte Auffassung – als die in Betracht kommende ‹königliche Gestirnung› – steht oder fällt mit der Beantwortung der Frage nach dem wirklichen Zeitpunkt der Geburt Jesu. Diese Frage darf heute als abgeklärt gelten. So hat z. B. Rudolf Steiner aus der Geistesforschung heraus als Datum für den Ur-Karfreitag den 3. April des Jahres 33 angegeben. Die Geburt Jesu, auch wenn sie nicht auf den Tag genau bekannt ist, fiel also sicher nicht in das Jahr 7 vor Christus, sondern in die Zeitenwende selbst. Diese Tatsache wurde inzwischen durch weitere historische Forschungen von zwei Seiten bestätigt. Bei den entsprechenden schwierigen Untersuchungen spielte die Frage nach dem Zeitpunkt des Todes von Herodes eine entscheidende Rolle.

Der wichtigste Anhaltspunkt dafür ist die Angabe des jüdischen Historikers Flavius Josephus: Herodes sei zwischen einer Mondfinsternis und dem Passahfest des gleichen Jahres gestorben. Da am 13. März des Jahres 4 v. Chr. eine partielle Mondfinsternis war, wurde über lange

18

Zeiten der Tod des Herodes und damit die Geburt Jesu in dieses Jahr oder das Jahr zuvor verlegt. Diese Annahme würde der oben angeführten Feststellung der Geistesforschung über das Jahr 33 widersprechen. Der anthroposophisch orientierte Priester Ormond Edwards hat deshalb jahrelange, sorgfältige Untersuchungen angestellt und kam bereits 1972 in «New Chronology of the Gospel», London, zu dem Ergebnis, daß das wirkliche Todesjahr des Herodes das Jahr 1 v. Chr. ist. In diesem Zusammenhang datiert er die Geburt des salomonischen Jesusknaben auf den 4. Januar und die Anbetung der Könige auf den 6. Januar, während der lukanische Knabe am 25. Dezember des gleichen Jahres geboren sei. Die Geburt der beiden Jesusknaben fiele danach in das gleiche Jahr, lag aber fast 12 Monate auseinander.[7]

Inzwischen hat eine astronomich-wissenschaftliche Untersuchung von ganz anderer Seite her ebenfalls das Jahr 1 v. Chr. als das Todesjahr des Herodes und damit als das Geburtsjahr Jesu bestätigt. Suso Vetter hat auf diese wichtige, in der deutschen astronomischen Monatsschrift «Sterne und Weltraum» erschienene Veröffentlichung in der Wochenschrift «Das Goetheanum» hingewiesen. Danach kommt im Hinblick auf Flavius als einzige Möglichkeit die totale Mondfinsternis vom 9./10. Januar im Jahre 1 v. Chr. in Betracht mit dem folgenden Passahfest am 8. April. Nur die damit sich ergebende längere Zeitspanne von rund 3 Monaten gibt allen Begebenheiten den Raum, die Josephus für diese Zeit berichtet. In ihr hat sich unter anderem der bethlehemitische Knabenmord, sowie der Kuraufenthalt und der Tod des Herodes ereignet. Der historisch-wissenschaftliche Streit um das Todesjahr des Herodes und damit um den richtigen Beginn unserer christlichen Zeitrechnung kann daher als beendet betrachtet werden. «Die nunmehr zweifach und unabhängig voneinander erforschte Zeit des Frühjahrs 1 v. Chr. schließt sich zwanglos mit den Hinweisen aus der Geistesforschung Rudolf Steiners zusammen.»[8] Für den Fortgang unserer Untersuchung ist diese Klärung der zeitlichen Fragen von größter Bedeutung.

Fassen wir das Ergebnis der bisherigen Ausführungen über Keplers Auffassung von der Natur des ‹Sterns der Weisen› zusammen, so läßt sich diese anscheinend nicht aufrechterhalten. Die angenommene Nova war nicht erschienen, und die Vorverlegung der Geburt Jesu um sieben Jahre ist nicht haltbar. Die von Kepler entdeckte Planetenkonstellation der dreifachen Begegnung von Jupiter und Saturn ist zwar interessant, scheint aber demnach ohne jede Bedeutung für unser Anliegen zu sein. Mit der Geburt des Erlösers ist kein Zusammenhang mehr erkennbar, zumal sich die Verdreifachung dieser Konjunktion – öfter wenn auch selten – abspielt.

Ist Kepler beim Aufblick zu der besonderen Sternenkonstellation des Jahres 1604, die ihn zutiefst erregte, einer Illusion verfallen?

II

Der Goldstern Zoroaster

Die geistige Führung der Magier

Bereits am 30. Dezember 1904 hat Rudolf Steiner in einem weihnachtlichen Vortrag über das Wesen des ‹Sterns der Weisen› gesprochen.
Dieser Vortrag, der nur in Notizen eines Hörers vorliegt, ist deshalb
wesentlich, weil er «die einzigen Ausführungen enthält, die es über die
Bedeutung des Festes der heiligen drei Könige gegeben hat, während
diese als solche im Vortragswerk ja vielfach erwähnt werden».[9]

Rudolf Steiner spricht vor allem von der noch nicht ausgeschöpften,
bedeutungsvollen Symbolik des Feiertags vom 6. Januar, in der die
heiligen drei Könige als Repräsentanten der lemurischen (Kaspar), der
atlantischen (Balthasar) und nachatlantischen (Melchior) Erdzeitalter
erscheinen und ihre drei Opfergaben entsprechend erläutert werden.
«Dieses Fest der Epiphanie wird immer mehr Bedeutung gewinnen,
wenn man wiederum die wahre, tatsächliche Symbolik des Festes verstehen wird. Wir haben es damit mit etwas Wichtigem zu tun . . . Die
Bedeutung dieses Festes wird immer mehr zunehmen.» Da mit dem
festlichen Gedanken an die heiligen drei Könige die Vorstellung des sie
führenden Sternes unlösbar verknüpft ist, kommt der Vortragende mit
folgenden Worten auf sein Geheimnis zu sprechen: «Wodurch werden
nun die drei heiligen Könige geführt, und wo werden sie hingeführt? Sie
werden durch einen Stern geführt und sie werden hingeführt nach
Bethlehem in eine Grotte. Das ist etwas, was nur derjenige, der bekannt
ist mit den sogenannten niederen oder astralen Mysterien, wirklich
verstehen kann. Von einem Stern geführt sein, das heißt nichts anderes,
als die Seele selbst als einen Stern sehen. Wann sieht man aber die Seele
als einen Stern? Man sieht dann die Seele als Stern, wenn man sie als
leuchtende Aura wahrnehmen kann. Dann erscheint die Seele als Stern.
Welche Aura aber leuchtet so, daß sie führen kann? Zuerst haben Sie die
Aura, die nur glimmt, die nur ein mattes Licht hat. Die kann nicht
führen. Dann haben Sie die höhere Aura, die Intelligenz-Aura. Die hat
zwar ein flüssiges Licht, ein quellendes Licht, ist aber noch nicht

führend. Aber die helle, von Buddhi durchglänzte Aura ist wirklich ein Stern, ist etwas Strahlendes und Führendes. In Christus geht im Fortschritt der Menschheit der in der Rassenentwicklung leuchtende Buddhi-Stern auf. Was den Magiern leuchtet, ist nichts anderes als die Seele des Christus selbst. Der zweite Logos selbst, der leuchtet ihnen; und er leuchtet über der Grotte in Bethlehem.

Die Grotte ist nichts anderes als das, worin die Seele wohnt: der Leib. Der astrale Seher sieht den Leib von innen. Dem astral Schauenden kehrt sich alles um, man sieht alles umgekehrt. Man sieht zum Beispiel 365 anstatt 563. So sieht man also den menschlichen Körper als Grotte, als Höhle, und so leuchtet in dem Körper des Jesus der Stern Christi, die Seele des Christus. Das ist vorzustellen als eine Wirklichkeit, vor sich gehend im Astralen. Es ist ein Vorgang in den niederen Mysterien. Es leuchtet da tatsächlich die Christus-Seele als ein aurischer Stern; und der führt die Initiierten der drei Rassen zu Jesus nach Bethlehem».[10]

Der Stern ist als inneres Geisterlebnis demnach das imaginative Gewahrwerden einer hochentwickelten Entelechie. Die Verwandtschaft dieses «aurischen Sterns» mit demjenigen, den Bileam viele Jahrhunderte zuvor auf der Berghöhe Peor geschaut hat, ist unverkennbar. Aber Bileam hätte ihn noch nicht in eine «Grotte» eingezogen erleben können, da die betreffende Geistseele noch nicht verkörpert war.

An dieser Stelle darf an einen Spruch von Rudolf Steiner (Berlin, 19. Januar 1911) erinnert werden:

Licht und Stern

> Es leuchten gleich Sternen
> Am Himmel des ewigen Seins
> Die gottgesandten Geister.
> Gelingen mög' es allen Menschenseelen,
> Im Reich' des Erdenwerdens
> Zu schauen ihrer Flammen Licht.

Nun könnte man den Ausführungen Rudolf Steiners gegenüber einwenden, die Christus-Wesenheit sei doch erst bei der Taufe am Jordan, also im dreißigsten Jahr, in die Leiblichkeit Jesu – in die «Grotte» – eingezogen. Dieser Einwand lenkt die Aufmerksamkeit auf die eigentümliche Ausdrucksweise hin, die gebraucht wird, wenn von der «Seele des Christus» oder der «Christus-Seele» gesprochen wird. Warum wird nicht der Ausdruck «Christus-Geist» gebraucht? Daß sich unter der Formulierung *Seele* des Christus tatsächlich eine ganz andere Entelechie verbirgt, erhellt aus späteren Ausführungen Rudolf Steiners in dem Vortragszyklus über das Matthäus-Evangelium, in dem sich zugleich noch eine genauere Darstellung über den ‹Stern der Weisen› findet.

Bevor wir darauf eingehen, sei jedoch noch auf ein anderes Problem hingewiesen, das alle Betrachtungen, die mit der Geburt Jesu zusammenhängen, verkompliziert. Im Matthäus- und im Lukas-Evangelium werden bekanntlich wesentlich verschiedene Generationsfolgen angegeben. Rudolf Steiner kam als Geistesforscher zu einem überraschenden Ergebnis, das sich im Zusammenhang mit der daraus erwachsenden Fragestellung ergibt. In der Zeitenwende wurden *zwei* Jesusknaben geboren, der eine aus der königlich-salomonischen Linie, der andere aus der nathanischen Linie. Es war die im Lukas-Evangelium dargestellte Geburt des nathanischen Knaben, die sich der Schau der Hirten auf dem Felde in der Glorie der Engelschöre offenbarte und sie veranlaßte, den Stall von Bethlehem aufzusuchen. Zur Geburtsstätte des früher geborenen salomonischen Jesusknaben hingegen strebten die heiligen drei Könige des Matthäus-Evangeliums, von ihrem Stern geführt. Laut Überlieferung apokrypher Schriften hat diese Geburt tatsächlich in einer Felsengrotte stattgefunden.

Das viele Christen befremdende Problem der Existenz zweier Jesusknaben hat durch die weltweites Aufsehen erregenden Funde von Qumran eine neue Beleuchtung erfahren. Diese uralten Schriften der Essäergemeinden «lehren das Kommen eines Laienmessias aus dem Stamme Juda (David), der das Gottesreich auf Erden errichten wird, und eines Priestermessias aus dem Stamme Aaron, der dem Laienmessias übergeordnet ist. Nach dem Hebräerbrief vereinigt Christus den Laienmessias und den Priestermessias in sich» (Alois Stöger in einer Studie «Die Christologie der Paulinischen und von Paulus abhängigen Briefe»).[10a] Der bekannte jüdische Schriftsteller Schalom Ben Chorin vertritt in seinem Buche «Paulus», dem obiges Zitat entnommen ist, die Auffassung, daß der Hebräerbrief des Neuen Testamentes an die «essäische Sekte» gerichtet ist und bestätigt in diesem Zusammenhang: «Die Sekte von Qumran hatte den Glauben, daß es zwei Messiasse gebe, einen priesterlichen und einen davidischen, königlichen.» Besonders bedeutsam ist jedoch die Aussage dieses Sachkenners der vergleichenden Religionswissenschaften, daß unabhängig von den Essäern auch in der altjüdischen Überlieferung das Erscheinen zweier Erlöserpersönlichkeiten erwartet wurde: «Die Vorstellung von zwei Messiassen ist nicht Sondergut von Qumran, denn auch das rabbinische Judentum lehrte, daß es zwei Messiasse geben werde, den unterliegenden Messias, Sohn Josephs, und den sieghaften Messias, Sohn Davids.»[10b]

Unabhängig von diesen Überlieferungen vermochte Rudolf Steiner bereits zu Beginn unseres Jahrhunderts erstmals genauere okkulte Darstellungen über die wahre Natur der beiden Jesusknaben zu geben, die für die Fortführung unseres Themas von entscheidender Bedeutung sind. Die Geisteswissenschaft erkennt in der Geistseele, die sich im salomonischen Knaben verkörpert, die hochentwickelte Entelechie des Zarathustra wieder, des Begründers der altpersischen Religion und Kultur. Sie weist aber auch darauf hin, daß die drei heiligen Könige wiederverkörperte Schüler des Zarathustra waren, die er im 6. Jahrhundert v. Chr. als der bereits erwähnte, wiederverkörperte Nazarathos belehrte. Rudolf Steiner führt im Vortragszyklus über das Matthäus-Evangelium aus: «Und die ganzen folgenden sechs Jahrhunderte waren für die chaldäischen Geheimschulen erfüllt von den Traditionen, Zeremonien und Kulten, die herrührten von Zarathustra in der Persönlichkeit des Zaratas oder Nazarathos. Und alle die Generationen von chaldäischen, babylonischen, assyrischen usw. Geheimschülern, die in jenen Gegenden Asiens lebten, verehrten aufs Höchste den Namen dieses ihres großen Meisters, des Zarathustra, unter der Veränderung als Zaratas oder Nazarathos. Und sie warteten sehnsüchtig auf die nächste Inkarnation ihres großen Lehrers und Führers, denn sie wußten, daß er wieder erscheinen werde nach 600 Jahren. Das Geheimnis von diesem Wiedererscheinen war ihnen bekannt; das lebte sozusagen wie etwas, was ihnen von der Zukunft herein schien. Und als die Zeit heranrückte, da das Blut für die neue Inkarnation des Zarathustra bereitet war, da machten sich die drei Abgesandten, die drei weisen Magier aus dem Morgenlande auf: sie wußten, daß der verehrte Name des Zarathustra selber wie ihr Stern sie führen würde nach jenem Orte, wo die Wiederinkarnation des Zarathustra stattfinden sollte. Es war die Wesenheit des großen Lehrers selber, die als der ‹Stern› die drei Magier hinführte zur Geburtsstätte des Jesus des Matthäus-Evangelium.»[11]

Der Vortragende macht dann darauf aufmerksam, daß man auch

24

äußerlich philologisch belegen könne, daß das Wort Stern als Name für hohe menschliche Individualitäten in alten Zeiten gebraucht worden sei. Der Name «Zoroaster» selbst bedeutet sogar «Goldstern». «Sechs Jahrhunderte vor unserer Zeitrechnung sind also die Magier des Morgenlandes zusammengewachsen mit jener Individualität, die sich inkarnierte als der Jesus des Matthäus-Evangeliums. Und Zarathustra selber führte die Magier dahin; sie folgten seiner Spur. Denn es war sozusagen der Zug des Zarathustra, des die Magier führenden, nach Palästina ziehenden Sternes, der die Magier leitete auf ihren Wegen von den morgenländischen, chaldäischen Mysterien nach Palästina, wo sich Zarathustra zu seiner nächsten Inkarnation anschickte.»[11]

Ein beredtes Zeugnis für das geheime Wissen und die oben erwähnten Traditionen im Ausstrahlungsbereich der Zarathustra-Wesenheit stellt das einstmals berühmte Mysterienbuch «Die Biene» aus dem 13. Jahrhundert dar. Es läßt Zarathustra im Rahmen seiner messianischen Weissagungen zu dreien seiner Schüler, den Königen Gushnasaph, Sasan und Mahimad sprechen:

«Höret zu, meine geliebten Kinder, daß ich euch offenbare das Geheimnis des großen Königs, der in der Welt aufstehen wird am Ende der Zeiten. Ein Kind wird empfangen im Schoße einer Jungfrau. Und er wird in der Pracht seiner Blüten und dem Reichtum seiner Früchte wie ein Baum sein, der sich erhebt aus dürrem Erdreich. Und die Bewohner jenes Landes werden ihn bekämpfen, um ihn auszurotten von der Erde, aber es wird ihnen nicht gelingen. Dann werden sie ihn ergreifen und an ein hölzernes Kreuz schlagen. Himmel und Erde werden Leid tragen um seinetwillen, und die Geschlechter der Völker werden um ihn trauern. Er wird hinabsteigen in die Tiefen der Erde, aus der Tiefe wird er auffahren in die Höhe. Dann wird er kommen mit den Heerscharen des Lichtes und wird auf weißen Wolken einherfahren, denn er ist das Kind, das empfangen wurde durch das Wort, dem Erschaffen aller Wesen. Gushnasaph sprach zu ihm: ‹Woher hat er, von dem du redest, seine Macht? Ist er größer als du, oder bist du größer als er?› Zaradoschd antwortete: ‹Von meinem Stamme wird er sein. Ich bin er und er ist ich. Er ist in mir und ich in ihm. Und wenn der Anfang seines Kommens offenbar werden wird, so werden große Zeichen am Himmel erscheinen, und sein Glanz wird den Glanz des Himmels übertreffen. Ihr aber, Kinder des Lebens, die ihr aus den Schatzkammern des Lebens, des Lichtes und des Geistes stammt und in das Land des Feuers und des Wassers gesät seid, euch gebührt es, zu wachsen und achtzuhaben auf das, was ich euch gesagt habe, und zu warten auf die Verheißung. Denn ihr sollt das Kommen dieses großen Königs zuerst bemerken . . . Bewahret also dieses Geheimnis, das ich euch geoffenbart habe, und behaltet es in dem Schatz eurer Seelen. Und wenn jener Stern aufgeht, von dem ich euch sprach, so sollt ihr Gesandte senden, die mit Geschenken beladen sind, um ihn anzubeten. Seid wachsam und verachtet ihn nicht, damit er euch nicht mit dem Schwert vertilge! Denn dieser König ist der König der Könige, und alle Könige empfangen von ihm die Krone. Und ich und er sind eins.›»[12]

Mit den eindringlich wiederholten Worten «Und ich und er sind eins» ist auf das Geheimnis der innigen Wechselbeziehung zwischen der Zarathustra-Individualität und der nathanischen Wesenheit, sowie dem Christus selbst hingewiesen. Erst durch die Geisteswissenschaft im 20. Jahrhundert konnten diese Worte dem heutigen Verständnis neu erschlossen werden. Zugleich taucht aber die weitere Frage auf: Warum mußten überhaupt zwei Jesusknaben geboren werden, deren Verleiblichung sorgsam aus zwei getrennten Vererbungsströmen heraus zubereitet wurde. Erst durch ihre Vereinigung entstand das geeignete leibliche Gefäß für den Herniederstieg der Christus-Wesenheit am Jordan.

Im esoterischen Hintergrund des Christentums wußte man um das Geheimnis der beiden Jesusknaben bis in bildhafte Darstellungen, wie aus den eindrucksvollen Zusammenstellungen und Ausführungen des reichbebilderten Buches von Hella Krause-Zimmer «Die zwei Jesusknaben in der bildenden Kunst» hervorgeht. Rudolf Steiner beschließt den schon erwähnten Vortrag mit einem anderen Hinweis der christlichen Tradition: «In dem sogenannten ‹Ägypter-Evangelium› findet sich eine merkwürdige Stelle, die schon in den ersten Jahrhunderten als sehr ketzerisch angesehen wurde, weil man darüber in christlichen Kreisen nicht die Wahrheit hören wollte – oder sie nicht aufkommen lassen wollte. Aber es gibt etwas, was sich erhalten hat als ein apokryphes Evangelium, und darinnen wird gesagt: ‹daß das Heil erscheinen wird in der Welt, wenn die Zwei Eines und das Äußere wie das Innere werden wird›. – Dieser Satz ist ein genauer Ausdruck des Tatbestandes, den ich Ihnen eben aus den okkulten Tatsachen heraus geschildert habe. Davon hängt das Heil ab, daß die Zwei Einer werden.»[11]

Das Geheimnis der Notwendigkeit zweier Generationenfolgen ist mit vielen geistesgeschichtlichen, biologischen und kosmologischen Fragen des gesamten Werdens der Menschheit verknüpft. Es bedarf weiterer Bearbeitung und wird hier hervorgehoben, weil im Fortgang dieser Schrift ein Beitrag zu seiner Erhellung unter vorwiegend kosmologischen Aspekten gegeben werden soll.

III

Der Rhythmus der Großen Konjunktion
Der astronomische Aspekt des ‹Sterns der Weisen›

Die Aufklärung der übersinnlichen, aurischen Natur des Sterns von Bethlehem durch die Geisteswissenschaft scheint die Auffassung Keplers vom ‹Stern der Weisen› in den Hintergrund zu drängen bzw. endgültig widerlegt zu haben. In der Tat haben sich – verständlicherweise – auch geisteswissenschaftlich orientierte Betrachter diese Auffassung zu eigen gemacht. Auch wir müßten die Betrachtungen hier abschließen, wenn sich nicht ein ganz neuer Gesichtspunkt ergeben hätte, der es ermöglichte, wiederum an Kepler anzuknüpfen, insbesondere was die dreifache Konjunktion von Saturn und Jupiter und ihren Zusammenhang mit den Ereignissen der Zeitenwende anbelangt.

Alles hat, wie bekannt, mindestens zwei Seiten, eine äußere und eine innere oder eine irdische und eine kosmische usw. Rudolf Steiner hat deshalb öfter betont, daß der Geistesforscher den gleichen Tatbestand zu verschiedenen Zeiten von verschiedenen Gesichtspunkten aus darstellt und nicht so sehr definieren als charakterisieren müsse. Der scheinbare Widerspruch mancher seiner Ausführungen beruhe darauf, daß man auch einen Baum von verschiedenen Seiten her betrachten könne und sich dann voneinander abweichende Bilder ergeben würden.

Dies gilt zum Beispiel auch für das tiefe Mysterium der Menschheitsentwicklung, für den Heiligen Gral. «Verstehen wir das Suchen (unter diesem Gesichtspunkt des scheinbaren Widerspruchs, der Verf.), dann dringen wir allmählich immer weiter und weiter vor zu einem Gefühl, zu einer Empfindung von dem Gestirnsaspekt des Heiligen Gral zu dem menschlichen Aspekt des Heiligen Grals, zur Mutter mit dem Jesus, mit dem Christus.»[13] Nun steht das Gralsmotiv aber zweifellos mit unserer Thematik in einem innigen Zusammenhang.

Da es sich hier um eine prinzipielle Frage handelt, die zugleich für den Fortgang dieser Betrachtungen von entscheidender Bedeutung ist, sei noch etwas ausführlicher auf ein Beispiel aus dem Lebenswerk Rudolf Steiners eingegangen. In vielen Vorträgen der Kriegs- und Nachkriegsjahre schildert er ausführlich, daß die Sonne ein saugender, ätherischer Hohlraum sei und nicht eine Anhäufung von gigantischen Stoffmassen, wie die Astronomen annehmen. Aus einem dieser Vorträge, der am 30. März 1924 in Prag gehalten wurde, sei eine diesbezügliche Stelle angeführt: «Die Physiker würden höchlichst erstaunt sein, wenn sie einmal eine Expedition ausrüsten und an den Ort kommen könnten, von dem sie meinen, daß er ausgefüllt sei durch allerlei glühende Gase, und der nach ihrer Meinung die Sonne bildet: die Physiker würden nämlich finden, daß dort, wo sie glühende Gase vermutet haben, überhaupt nichts ist, viel weniger ist, als der Raum, – weniger ist als Nichts: ein Loch im Weltenraum . . . die Sonne ist negativer Raum, ist ausgesparter Raum.»[14]

Diese überraschende Darstellung scheint völlig den Aussagen über die Sonne während der Entstehung des Buches «Die Geheimwissenschaft im Umriß» im ersten Jahrzehnt dieses Jahrhunderts zu widersprechen: der Sonnenkörper habe sich in der hyperboräischen Zeit, als die Verdichtung der Erde bis zum gasigen Zustand vorangeschritten war, durchaus auch stofflich als gasig-leuchtendes Gebilde von der Erde getrennt. Die heutige Sonne sei als solche zugleich eine Wiederholung des ‹alten Sonnenzustandes› der Erde, bei dem ja gerade das Wesentliche in der Verdichtung des ur-saturnischen Wärmeelementes zum luftartigen Zustand bestand. «Wenn wir in den Weltenraum . . . hinausblicken zur Sonne, dann müssen wir in ihr zunächst ein Überbleibsel der alten Sonne sehen, gleichsam die wiederbelebte alte Sonne, die in der Gegenwart gleichsam nachahmt dasjenige, was auf der alten Sonne war . . . Die Sonne, wie sie heute im Weltenraum draußen schwebt, ist nicht nur für den hellseherischen Blick als ätherische Gestalt da, sondern sie ist als ein Gasball, als ein bis zur Luftigkeit Verdichtetes vorhanden.»[15]

Die Auflösung des offensichtlichen Widerspruchs findet sich in den Vorträgen über «Das Verhältnis der verschiedenen naturwissenschaftlichen Gebiete zur Astronomie». Die Sonne ist einer Orange vergleichbar. Ihre Schale ist eine gasige Hülle, die «ringsum noch dasjenige ist, was bis zu einem gewissen Grade drückt». Das Fruchtfleisch entspräche dem ätherischen Innenraum. Zwischen beiden polaren Seinsformen besteht ein fließender Übergang. «Wir kommen von der relativ dichteren Materie hinein in die dünnere Materie und endlich in das Negative der Materie . . . Wir kommen mit den Erscheinungen nur zurecht, wenn wir uns im inneren Sonnenraum negative Materie denken.»[16] Die polaren, nur scheinbar absolut gegensätzlichen Auffassungen, vereinigen sich so zu einer höheren Ganzheit.

Das Beispiel zeigt zugleich, warum Rudolf Steiner den methodischen Rat gegeben hat, die verschiedensten Darlegungen in seinen Vorträgen über die gleiche Thematik vergleichend zusammenzutragen. Die Aktivität, die erforderlich ist, um in einer erhöhten, eigenständigen Begriffsbildung zu einer ganzheitlichen Schau zu kommen, ist ein wesentlicher Schritt des Übungsweges. Bei gemeinsamer Erarbeitung geisteswissenschaftlichen Gedankengutes erweist sich diese Methode, wenn die Aufgabe auf verschiedene Persönlichkeiten verteilt wird, zugleich als positives Element der Gemeinschaftsbildung.

Auch im Fortgang unserer Ausführungen gilt es, einen Brückenschlag zwischen den Polaritäten von innen und außen zu finden. Dies führt zur Frage zurück, ob dem imaginativ-geistigen Erleben einer Entelechie als Stern nicht doch im Gesamtgeschehen des Weltenlebens ein kosmologischer oder sogar astronomisch faßbarer Aspekt entsprechen könnte.

Im ersten Mysteriendrama von Rudolf Steiner, «Die Pforte der Einweihung», spricht Maria im neunten Bilde an einem entscheidenden Wendepunkt im Leben des Johannes zu diesem: «Ich konnte Deinen Stern erschauen. Er strahlt in voller Kraft.» Die Verfolgung dieses Wortes führt zu einem der tiefsten Geheimnisse des menschlich-kosmischen Evolutionszusammenhangs: Es ist tatsächlich jeder menschlichen Individualität ein Stern, jetzt aber im astronomischen Sinne gemeint, nämlich ein Fixstern, in den Weltenweiten zugeordnet. «Der Mensch, indem er von geistig kosmischen Weiten heruntersteigt zu einem irdischen Dasein, kommt immer von einem bestimmten Sterne her. Man kann diese Richtung verfolgen; und es ist nicht unsachlich, sondern im Gegenteil recht exakt, wenn wir davon sprechen, der Mensch habe einmal seinen Stern. Ein bestimmter Stern, ein Fixstern ist die geistige Heimat des Menschen.»[17]

Dieser Zusammenhang weist uns zum Urbeginn der Menschheitsevolution, dem alten Saturnzustand, zurück. Als die Throne ihre Willenssubstanz hingeopfert hatten und diese sich zu dem Wärmemutterschoß aller kommenden irdischen Seins verdichtet hatte, wie es in der «Geheimwissenschaft im Umriß» geschildert wird, spiegelte sich in ihm der ganze kosmische Umkreis. Es wurden in dem großen Differenzierungsprozeß, dessen Ergebnis Rudolf Steiner mit einer Brombeere oder Maulbeere vergleicht, so viele individuelle Ur-Anlagen physischer Menschenleiber und damit zugleich heutiger menschlicher Entelechien geschaffen, wie Fixsterne am Himmel standen. In der ersten der sieben «Meditationen, die das Zeitwesen der Hierarchien erfassen» wird dieser entscheidende Schöpfungsakt der Evolution durch den «großen umfassenden Geist» mit den Worten umschrieben:

> Du sandtest deine Kräfte aus
> und in der Erde Urbeginn spiegelte sich
> meiner Leibesform erstes Urbild.
> In deinen ausgesandten Kräften
> war ich selbst.

Wie erwähnt, ist jedes menschliche Ich letzten Endes in einem Fixstern verankert und wird von ihm impulsiert. Wir würden uns auch nachtodlich im «endlosen Raum» verlieren ohne diesen Halt.

Ein Nichtkenner der Astronomie könnte hier vielleicht einwenden, die Anzahl uns bekannter Sterne könne nicht ausreichen, da zu den 5 Milliarden verkörperter Menschen ein Vielfaches nicht verkörperter Seelen hinzukommt. In der Tat erblicken wir mit dem unbewaffneten Auge nur etwa 6000 Sterne. Aber schon mittels des gewöhnlichen Feldstechers löst sich der schimmernde Schleier der Milchstraße in Zehntausende von Lichtern auf und die Auslotung der Tiefen unserer Galaxe mit den modernen Instrumenten zeigt, daß diese die schier unvorstellbare Zahl von vielen, vielen Milliarden Fixstern-Sonnen beherbergt. Die sinnige Frage des alten Volksliedes: «Weißt du wieviel Sternlein stehn an dem blauen Himmelszelt?» beantwortet sich demnach mit dem Hinweis: Es sind so viele wie Menschenseelen zwischen diesem Himmel und der Erde im Reinkarnationsgeschehen auf- und niedersteigen! Dem majestätischen, abgezählten Heer der Sternenperipherie entspricht der irdisch-kosmische Menschheitsorganismus.

Die Möglichkeit, das innerste Geistwesen des Menschen im imaginativen Bild eines Sternes vorzustellen, hat also einen tieferen Grund, denn das Bildgewand der echten Imagination ist der imaginierten Wirklichkeit stets adäquat. Diese ist qualitativ oder wesensgemäß dem Bilde verwandt. Johannes der Täufer hätte den niedersteigenden Geist bei der Johannistaufe niemals im Gestaltbild eines Sperlings oder eines aasfressenden Geiers erschauen können! Ebensowenig wäre dem Ich-Wesen etwa das Bild des Vollmondes oder das eines Kometen gemäß.

Da die Sonne, das Herz unseres planetarischen Systems, einer der erwähnten Fixsterne ist und wir sie in die folgenden Betrachtungen einbeziehen müssen, wurde dieser Fixstern-Ich-Aspekt hier ausführlich behandelt. Denn die zu behandelnde dreifache Große Konjunktion ist ohne die Rolle, welche die Sonne bei ihrer Entstehung spielt, nicht verständlich.

Die gesuchte Brücke zum astronomisch-astrologischen Aspekt des Sterns der Weisen findet sich im Vortragswerk Rudolf Steiners vor allem in dem Zyklus «Die Suche nach der neuen Isis, der göttlichen Sophia». Im ersten Dornacher Vortrag vom Heiligabend 1920 findet sich die Stelle: «Nach zwei Richtungen können wir sehen, wenn es sich darum handelt, im Sinne des Weihnachtsmysteriums das Ereignis von Golgatha zu verstehen: nach dem *Sternenhimmel* auf der einen Seite – mit all seinen Geheimnissen – und nach dem *Mensheninneren* auf der anderen Seite – mit all seinen Geheimnissen.» In umfassender Weise wird danach auf die große Polarität der Erlebnisart der Hirten und der Magier sowie auf die ihnen zugrunde liegenden Menschheitsströmungen eingegangen. In dem Basler Vortrag am Vortage heißt es: «Zweierlei Arten von Menschen, die natürlich doch nur dieselbe *eine* Menschheit in sich repräsentieren, wird der Christus, der Jesus, angekündigt am Welten-weihnachtsfeste: den ungebildeten armen Hirten des Feldes, die nichts in sich aufgenommen haben als den einfältigen Menschenverstand und das einfältige Menschengemüt, – und verkündigt wird er den Weisen aus dem Morgenlande, das heißt, aus dem Weisheitslande. Verkündigt wird er ihnen durch einen höchsten Aufstieg zu ihrer Weisheit, zu einem Lesen aus den Sternen. Bei einfachen Hirtenseelen also kündigt sich der Christus Jesus an, und in der höchsten Weisheit der drei magischen Weisen aus dem Morgenlande kündigt sich der Christus Jesus an. Es ruht der tiefste Sinn in dieser Gegenüberstellung der Ankündigung des Christus Jesus auf der einen Seite an die einfältigen Hirten, auf der anderen Seite an die Weisesten der Welt.»[18]

Im zweiten Vortrag in Dornach (25. Dezember 1920) wird dann entwickelt, wie die Fähigkeiten der Magier urständen im vorgeburtlichen Erleben der Sternenwelten, also in die Vergangenheit führen, während die Fähigkeiten der Hirten mit den Willenstiefen der Erde verbunden sind und keimkräftig in die Zukunft des Daseins nach dem Tode hinüberweisen. Die Befruchtung der nachtodlichen durch die vorgeburtlichen Fähigkeiten führte zur Kraft der jüdischen Propheten, an der wohl auch Bileam teilhatte.

«Die Erkenntnis der Magier aus dem Morgenlande ist ja auf ihrem Gebiete so gewesen, daß sie besonders tiefe Geheimnisse des Sternenhimmels schauen konnten. Da konnten sie dahin kommen, daß aus jenen Welten, in denen der Mensch ist zwischen dem Tode und einer neuen Geburt, aus denen ihnen die Fähigkeiten wurden, durch welche sie den Sternenhimmel durchdrangen, daß aus einer Erhöhung dieser Erkenntnis ihnen die Anschauung wurde: Da, aus dieser Welt, der unser Leben zwischen der Geburt und dem Tod zunächst nicht angehört, der aber angehört unser Leben zwischen dem Tode und einer neuen Geburt, aus der begibt sich ein Wesen, der *Christus*, zur Erde herunter. – Aus den Sternen-Erkenntnissen ergab sich für die Magier das Herannahen des Christus.

Und was ergab sich für die Hirten auf dem Felde, die die besondere Fähigkeit entwickelten, in die Erdentiefen hineinzuempfinden? – Nun, die Erde wurde eben etwas anderes, als der Christus herannahte. Die Erde verspürte dieses Herannahen des Christus. Die Erde trug in sich neue Kräfte, die eben dadurch kamen, daß der Christus herannahte. Dasjenige, was die Erde reflektierte, die Art, wie die Erde reagierte auf das Herannahen des Christus, das empfanden aus den Erdentiefen heraus die Hirten auf dem Felde in ihrem frommen Sinn. So kündigten für die Magier aus dem Morgenlande die Raumesweiten dasselbe an, was für die Hirten die Erdentiefen ankündigten.

Es war das die Zeit, in der eben noch Reste vorhanden waren von jenen alten Erkenntnissen. Daher müssen wir hinschauen auf solche auch für die damalige Zeit Ausnahmemenschen, wie es die drei Magier aus dem Morgenlande waren, und wie es auch diese besonderen Hirten auf dem Felde waren.»[19]

Aus den zitierten Worten Rudolf Steiners, der von den «Geheimnissen des Sternenhimmels», «einem Lesen aus den Sternen» und «Sternen-Erkenntnissen» spricht, geht eindeutig der gesuchte *äußere* Aspekt des ‹Sterns der Weisen› hervor, der bis in astronomische Tatbestände reicht.

Die alten Mysterien waren alle aus Überlieferungen von der Atlantis her den einzelnen Planeten zugeordnet, wobei das Sonnen-Orakel als höchstes ihre Weisheit zusammenfaßte. Aber erst in der dritten nachatlantischen Kulturepoche – als dem Zeitalter der Empfindungsseele – entwickelte sich in besonderer Weise der äußere Aufblick zu den Sternen. Dieser Beginn der heutigen veräußerlichten Astronomie war aber durch die hellseherische Schau verwoben zu jener einzigartigen Sternenweisheit, welche die babylonische und chaldäische Kultur durchdrang «als aktive, farbenreiche Astrologie». Die Magier waren letzte, in den vierten Zeitraum hereinragende Repräsentanten dieses Wissens und Könnens, «deshalb konnte sich ihnen das Mysterium von Golgatha, indem es herannahte, in der Weise ankündigen, wie es sich ihnen eben angekündigt hat . . .». Ihnen «haben die Sternengeheimnisse gesagt, daß hier auf der Erde geboren ist der Christus Jesus . . ., was einst Astrologie war, das hatte für die alte Erkenntnis eine solche Kraft in sich, daß sich als Himmelswesen für die Magier durch diese Erkenntnis enthüllte der Christus».

Hier ist also weniger von der Geburt des salomonischen Jesus, als vielmehr vom Erkennen des herannahenden Christus selbst die Rede und dies im unmittelbaren Zusammenhang mit einer konkreten Astrologie. Deshalb kann Rudolf Steiner im Sinne der von uns gesuchten äußeren Aspekte sprechen: «Wie die drei Weisen nach der Erkundung, die sie *aus den Sternen* gewonnen haben – worin sie gesehen haben, daß der Stern des Christus deutlich seine Schrift am Himmel gezogen hat – kamen, um anzubeten den Christus . . .».[19]

Die suchenden Magier warteten nicht nur auf ihren sich wiederverkörpernden Meister Zarathustra, sondern wußten um das Mysterium des Mensch werdenden Sonnengottes, des Christus selbst. Auch hierfür gibt es aus dem altpersischen Kulturkreis ein beredtes Zeugnis in Gestalt des 19. Yascht (Vers) der Jahrtausende alten Avesta. In der Übersetzung von Professor Jeremias, einem der besten Kenner der ostasiatischen Kulturen, lautet die Stelle: «Die gewaltige, königliche Sonnenerscheinung (Hermann Beckh hat übersetzt: Sonnen-Äther-Aura) verehren wir anbetend, die auf den kommenden Heiland sieghaft übergehen wird und auf die andern, seine Freunde (Beckh: seine Apostel), daß die Welt vollkommen werde, ohne Eifer und Tod, ohne Verwesung und Fäulnis, zu ewigem Leben, zu ewigem Gedeihen, zur Freiheit. Dann werden die Toten auferstehen, die Überlebenden werden zur Überwindung des Todes gelangen, und die Welt wird das tun, was nach seinem Willen vollkommen ist. Die Kreaturen, die das Lob des rechten Glaubens haben, werden die Überwindung des Todes erlangen. Die Lüge wird dorthin verschwinden, von wo sie gekommen ist, um den Rechtgläubigen zu verderben, ihn selbst und seinen Namen und seinen Anhang. Es wird zugrunde gehen die bübische Welt und es wird zugrunde gehen ihr bübisches Oberhaupt.»[12]

Mit dem bübischen Oberhaupt «ist die Finsternisgestalt des Bösen» gemeint, welche die Perser Ahrimanjhu nannten. In die «königliche Sonnen-Äther-Aura» hingegen kleidet sich ein Ahura Mazdao, das höchste Sonnenwesen selbst. In ihm offenbarte sich für die Geistesschau Zarathustras und damit für die ganze persische Kultur der kosmische Christus.

Der prophetisch angekündigte Übergang der Sonnenwesenheit auf «den kommenden Heiland» führte sie durch die Planetensphären zur Erde herab. Welche «deutliche Schrift am Himmel» hat «der Stern des Christus» dabei gezogen?

In der Tat verfolgten die Magier als Sternenkundige mit größter Aufmerksamkeit den äußeren Sternengang in Erwartung des großen «Kommenden». Daß dies der Fall war und in welcher Art es geschah, geht aus weiteren Ausführungen Rudolf Steiners eindeutig hervor, denn ihre Weisheit entwickelten «die Magier aus der Beobachtung von Planeten und Sternen im Raume und in der Zeit». Im vorliegenden Falle war allerdings erforderlich ein «höchster Aufstieg zu ihrer Weisheit, zu einem Lesen aus den Sternen.» Nur «aus der Vollendung derjenigen Weisheit, die bis zum Mysterium von Golgatha hat erlangt werden können aus der feinsten Beobachtung des Sternenganges, ergibt sich für die Weisen des Morgenlandes, für die magischen Weisen, diese Offenbarung».[18] Zur inneren Schau des führenden Zarathustra-Sternes kam also ergänzend – sicher viele Jahre vorausgehend und diese Schau anregend – die äußere Beobachtung der Planeten in ihrem Wechselgang durch die Tierkreis-Sternbilder dazu. Während aber heute «unsere Astronomen, die Nachfolger jener Astrologen, lediglich noch die zukünftige Sonnen- oder Mondfinsternis oder ähnliches berechnen», waren «die Magier des Ostens fähig, aus ihrer Enträtselung der Raumesgeheimnisse schauend zu berechnen: in dieser Nacht wird der Heiland geboren . . .».[18] Dieser erstaunliche Hinweis Rudolf Steiners zeigt, daß bereits neben der wachen, äußeren Beobachtung eine bestimmte «Rechentechnik» vorhanden war. Da die Magier bereits 800 Jahre im vierten nachatlantischen Zeitraum, also im Zeitalter der Verstandesseele lebten, war dieses astronomisch-mathematische Vorgehen vielleicht sogar weiter fortgebildet als in der chaldäischen Zeit. Aber wesentlich war, daß sie zugleich noch von den nachwirkenden inspirativen Fähigkeiten jener vergangenen Kulturepoche in einer einzigartigen Weise durchdrungen waren, die sich dann rasch verloren. Denn in Griechenland hatte bereits mit der Entwicklung bildloser Geometrie, Mathematik und Astronomie, vor allem in der platonischen Schule, das nüchterne Zeitalter der Abstraktion begonnen.

Für uns erhebt sich nunmehr die wichtige Frage: Welche planetarischen Konstellationen – denn nur um solche kann es sich handeln – mögen es gewesen sein, die der «schauenden Berechnung» zugrunde lagen?

Johannes Kepler hat den entscheidenden Hinweis gegeben mit seiner Auffassung über das Erscheinen der Nova sowie mit der Berechnung und Entdeckung der dreifachen Großen Konjunktion von Saturn und Jupiter im Jahre 7 v. Chr. im Sternbild der Fische. Er soll im folgenden als der Ansatzpunkt dazu dienen, in neuer Weise eine zeitgemäße Anschauung von der äußeren, kosmologischen Seite des ‹Sterns der Weisen› herauszuarbeiten. Die Einbeziehung goetheanistischer Methodik und geisteswissenschaftlicher Gesichtspunkte ist dabei unerläßlich.

Zunächst seien noch einige historische Bemerkungen vorausgeschickt. Joachim Schultz, der verstorbene Leiter der Mathematisch-Astronomischen Sektion am Goetheanum, hat darauf hingewiesen, welche bedeutsame, ihre astronomischen Forschungen auslösende oder impulsierende Rolle die Große Konjunktion im Leben von Tycho de Brahe und Johannes Kepler gespielt hat. Sie unterstreicht die für den Fortgang des naturwissenschaftlichen Zeitalters so wesentliche karmische Verbindung der beiden Astronomen. Schultz schreibt: «Es besteht die merkwürdige Tatsache, daß beide Persönlichkeiten ganz unabhängig voneinander, zu verschiedenen Zeiten, an ganz verschiedenen Orten und auch in ganz verschiedener, ja polar entgegengesetzter Art vom gleichen ‹Motiv der Sternenschrift› in früher Jugend angeregt und schicksalhaft auf ihren Lebensweg gelenkt wurden. Dieses Sternenmotiv war die seit alters berühmte ‹Große Konjunktion› zwischen den Planeten Saturn und Jupiter.»

Tycho de Brahe (1546–1601) hatte mit 16½ Jahren zum ersten Male die Gelegenheit, eine ihn offenbar tief beeindruckende Begegnung von Saturn und Jupiter zu beobachten. Es war die Große Konjunktion beider Planeten im August des Jahres 1563 im Sternbild Krebs. In ihm wurde dadurch der Impuls zur äußeren Himmelsbeobachtung ausgelöst; daraus ergab sich auch die Bedeutung seines Beitrages zur äußeren Astronomie.

«Ganz anders steht für Kepler dasselbe Himmelsmotiv am Anfang seines Forscherweges. Nicht die Beobachtung am Himmel, sondern innerliche, gedankliche Beschäftigung mit den Gesetzmäßigkeiten der sich folgenden Konjunktionen im Tierkreis, ihrer Verteilung und Verschiebung beschäftigten ihn.» Wie ein Nachklang der in einer vergangenen Inkarnation noch vernommenen Töne der Sphärenharmonie erregte ihn der unten zu schildernde trigonale, 60jährige Zusammenklang der Großen Konjunktion im Tierkreis und ihr rhythmisch-majestätisches Fortschreiten durch denselben. «Im Anschauen dieser Gesetzmäßigkeit leuchtete für Kepler die Idee auf, die ihn zeitlebens führte! Die Idee, mit Hilfe der regulären Figuren und Kurven die Proportionen im Aufbau des Planetensystems zu erfassen.»[20] Mit Enthusiasmus verfolgt, führte sie zu seinem ersten großen Jugendwerk, dem «Mysterium cosmographicum».

Im folgenden soll nunmehr eine auch für den astronomischen Laien verständliche Darstellung von der Entstehung und tieferen Bedeutung der Großen Konjunktion von Saturn und Jupiter sowie ihrer Verdreifachung gegeben werden.

Warum spricht man überhaupt von einer *Großen* Konjunktion?

Alle Planeten unseres Sonnensystems haben verschiedene Geschwindigkeiten im Sinne eines riesigen, kosmischen Wirbels. Je näher ein Wandelstern der Sonne steht, um so rascher ist seine Bewegung und um so kürzer seine Umlaufzeit. Dadurch bedingt, überholen fortwährend die rascheren Planeten die langsameren auf ihrer Wanderung durch den Tierkreis. Ähnliche Verhältnisse sind uns von der Neumond-Stellung des rund 30tägigen Rhythmus des Mondphasenwechsels her gut bekannt. Bei Neumond findet, konstellativ gesehen, jeweils eine Konjunktion von Sonne und Mond statt. Sie ist dem Zusammentreffen des kleinen (= Sonne) und großen Zeigers (= Mond) unserer Uhren, z. B. um 12 Uhr oder 44 Minuten nach 8 Uhr vergleichbar; denn das Zeiger-Geschehen auf dem Zifferblatt ist ein Abbild der Sonne-Mond-Bewegung im 12teiligen Tierkreis. Hier finden im raschen Wechsel 12 Konjunktionen bei *einem* jährlichen Umlauf der Sonne statt. Die schnellere Sonne aber überholt z. B. den langsameren Mars mit seiner Umlaufzeit von einem Jahr und 322 Tagen erst nach jeweils 2 Jahren und 49 Tagen, den noch langsameren Jupiter hingegen nach einem Jahr und 33 Tagen. In der gleichen Zeit finden aber 6 bis 7 Konjunktionen des – für unseren Anblick – rasch um die Sonne hin- und herschwingenden Merkur, des sonnennächsten Planeten, mit dem Zentralgestirn statt.

Gehen wir zu den beiden entferntesten und daher langsamsten, mit bloßem Auge sichtbaren Wandelsternen, zu Saturn und Jupiter über, so ergeben sich ganz andere Verhältnisse. Jupiter hat eine Umlaufzeit von 11 Jahren und 325 Tagen, also von rund 12 Jahren, Saturn von 29 Jahren und 167 Tagen, also von rund 30 Jahren. Es handelt sich um die grundlegende Kreisbahn um die Sonne, die sich uns als Durchgang durch die 12 Sternbilder des Tierkreises darstellt und als *siderische* Periode jedes Planeten bezeichnet wird. Beide Planeten begegnen sich nur in jedem 20. Jahr. Die genaue Periode dieser «Großen» Konjunktion beträgt 19,86 Jahre. Es ist der längste Begegnungsrhythmus aller Planeten (wenn wir von den transsaturnischen, dem unbewaffneten Auge unerreichbaren Wandlern Uranus, Neptun und Pluto absehen). Jupiter und Saturn, zugleich die beiden mächtigsten Planeten unseres Systems, umschließen nicht nur räumlich alle anderen Wandler, sondern umspannen auch zeitlich alle anderen Kreisläufe und Begegnungsrhythmen ihrer Brüder. Daher bezeichnete man von alters her ihre Konjunktion als *Große Konjunktion*. Man bedenke, daß sich im Zeitraum ihrer 20jährigen Aufeinanderfolge z. B. 245 Konjunktionen von Mond und Sonne, ca. 18 von Jupiter und Venus oder 9 Saturn-Mars-Begegnungen abspielen. Das gleiche gilt aber für alle anderen Konstellationen wie Oppositionen, Trigon- oder Quadratur-Stellungen usw. Zudem zieht sich die Begegnung der langsamen Großplaneten über viele Wochen, ja Monate im gleichen Sternbild hin, wenn auch der exakte Zeitpunkt des engsten Zusammenstehens selbstverständlich auf Tag und Stunde genau zu berechnen ist. Demgegenüber ist z. B. eine Konjunktion des Schnell-Läufers Mond mit Jupiter bereits in wenigen Stunden vorbei. Denn der Mond bewegt sich in einer Stunde eine Strecke voran, die so groß ist wie sein eigener Durchmesser und steht nur 2½ Tage in einem Sternbild, welches von Jupiter in einem Jahr durchwandert wird. Astrologisch gesehen zieht sich demnach auch die Einwirkungsmöglichkeit der Großen Konjunktion über einen längeren Zeitraum hin. Sie ist daher für alle Sternenfreunde ein unübersehbares und eindrucksvolles himmlisches Schauspiel. Sie gibt dem ganzen Jahr, in dem sie stattfindet, eine besondere Prägung.

Neu- und Vollmond finden in immer anderen Sternbildern statt. Dies gilt auch für die regelmäßig wiederkehrenden Konjunktionen von Saturn und Jupiter. Die erste Große Konjunktion des 20. Jahrhunderts war 1901 im Sternbild Schütze, die nächste folgte 1921 im Löwen, die dritte 1941 im Widder. Es werden also jeweils 3 Sternbilder übersprungen. Erst die vierte Konjunktion der beiden ereignete sich wieder im Schützen (s. Fig. 1). Nach jeweils 60 Jahren entsteht also im Rund des Tierkreises eine dreieckförmige Figur, wenn man die Konjunktionsstellen direkt verbindet: Es formt sich das ebenfalls seit alters her bekannte *Trigon der*

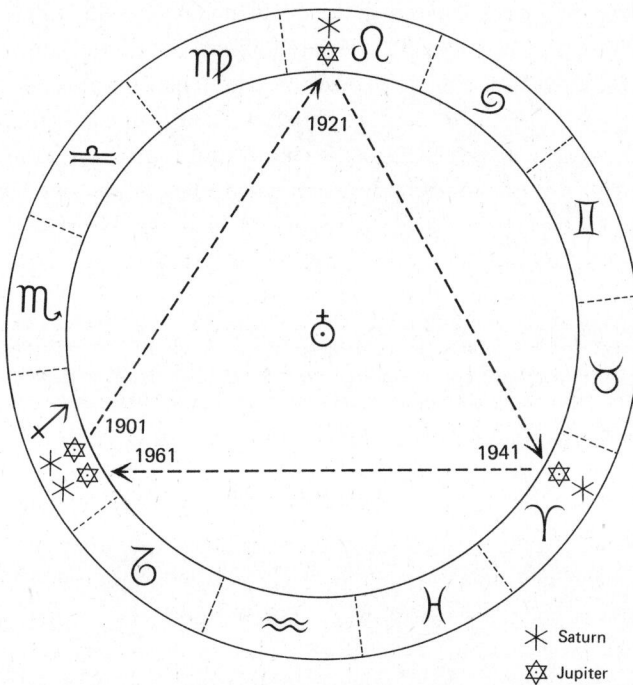

Figur 1: Trigon der sich alle 19,86 Jahre wiederholenden Konjunktionen von Saturn und Jupiter im Tierkreis, das sich in 60 Jahren bildet.

Großen Konjunktionen. Sein Regelmaß und seine noch zu besprechende Wanderung im Tierkreis war es, die den jungen Kepler so tief beeindruckte (s. S. 37). Kein Wunder, daß er in späteren Jahren, als er die Große Konjunktion von 1603 beobachten konnte, ein «Gutachten über das feurige Trigon 1603» schrieb, das mit Anfangssätzen, wie den folgenden beginnt: «Feuriger Triangel ist eine Zeit von 200 Jahren, innerhalb derer die zwei obersten Planeten Saturn und Jupiter anfangen, nirgends anderswo als allein in den drei hitzigen Zeichen Widder, Löwe und Schütze (welche zusammen auch den Namen Feuriger Triangel tragen) zusammenzustoßen oder uns irdischen Creaturen beisammen zu erscheinen.»[3]

Nur 200 Jahre lang findet also die Große Konjunktion im selben Sternbild statt. Denn die gleiche Konjunktionsstelle wandert – als Dreieckspitze – nach jeweils 60 Jahren etwa 8 Grad im Sinne der jährlichen

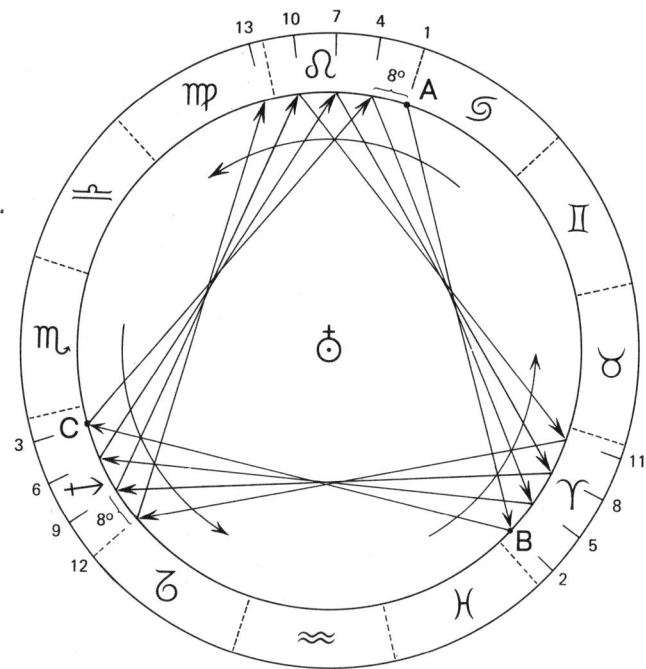

Figur 2: Die Fortbewegung der Konjunktionsorte und damit des ganzen Trigons durch die Tierkreisbilder.

Sonnenbewegung von West nach Ost weiter. Das kosmische Trigon ist deshalb nicht ganz geschlossen und kein absolut gleichseitiges Dreieck. Nach 3 bis 4 Großen Konjunktionen im gleichen Sternbild tritt die Konjunktionsstelle – und damit das ganze Trigon – in ein neues Sternbild über. Im vorliegenden Falle verläßt das Trigon den «feurigen Triangel» und wendet sich den drei Erdzeichen, Stier, Jungfrau und Steinbock zu (s. Fig. 2). Dabei entstehen neue, übergeordnete Rhythmen und «Sternengeflechte», auf die später näher eingegangen werden soll.

Infolge der regelmäßigen siderischen Umdrehung aller Planeten um das Zentralgestirn, die Sonne, wiederholen sich alle denkbaren Konstellationen der Glieder unseres Planetensystems untereinander in regelmäßigen Zeitabständen. Wir stehen vor einer Vielfalt von Rhythmen, deren Zusammenklang von den Alten als die Harmonie der Sphären erlebt wurde. Die Beschäftigung mit der Großen Konjunktion ist deshalb zugleich ein Beitrag zur *Rythmus-Forschung* überhaupt, einem noch relativ jungen Gebiet der Naturwissenschaft, dem in Zukunft eine wachsende und überragende Bedeutung zukommen wird. In der Schrift «Geistige Hintergründe der Kalenderordnung» (Vom Wesen der Woche, die Beweglichkeit des Osterfestes, die Kalenderreform) wurde vom Verfasser darauf hingewiesen, daß die Entstehung rhythmischer Vorgänge stets polare Prozesse oder Situationen voraussetzt.[21] Das Wesen des Rhythmus besteht im Ausgleich von Gegensätzen und ist deshalb zugleich mit den Begriffen von Gleichgewicht und Harmonie, im biologisch-physiologischen Bereich der Organismen mit dem Begriff von Gesundheit verknüpft.

Fragen wir im Falle der 19,86jährigen Periode der Großen Konjunktion nach der zugrunde liegenden Polarität, so stoßen wir auf die Oppositions- oder Gegenstellung beider Planeten. Ihrem engsten Zusammenstehen folgt nach rund 10 Jahren jeweils der größtmögliche Abstand. Nach der Überholung des Saturn durch den schnelleren Jupiter wird – von der Erde aus gesehen – der Winkelabstand zwischen beiden Gestirnen laufend größer und erreicht über die Quadraturstellung von 90 Grad und über den Trigon-Aspekt von 120 Grad Entfernung schließlich mit 180 Grad die Oppositionsstellung. Da beide Planeten sich weiterbewegen, fällt die Opposition in ganz andere Sternbilder als die vorangegangene Konjunktion. Von der Stellung des Mondes zur Sonne beim ersten Viertel (Quadratur Sonne-Mond) und der Opposi-

tionsstellung bei Vollmond ist dieser Vorgang geläufig. Letztere entspräche auf der Taschenuhr z. B. der Zeigerstellung bei 6 Uhr.

Aber auch im kopernikanischen Sinne, also rein räumlich gesehen,
besteht zwischen Saturn und Jupiter bei der Konjunktion die kleinste,
bei der Opposition die größte Entfernung, wie Figur 3 verdeutlicht.
Zwischen einem Sich-Verbinden und -Trennen, Sich-Annähern und
-Entfernen sowie Zusammenwirken und Sich-Gegenüberstehen spielt
sich also stets – die Gegensätze vermittelnd – der Rhythmus der Großen
Konjunktion ab. Ähnliches gilt selbstverständlich für das raschere
Zusammenspiel aller anderen Planeten. Verfolgen wir jetzt – über Kepler
hinausgehend – im ganzheitlichen und zugleich rhythmischen Sinne
dieses Wechselspiel in der 60jährigen Trigonperiode, so kommen wir zu
einem überraschenden Ergebnis.

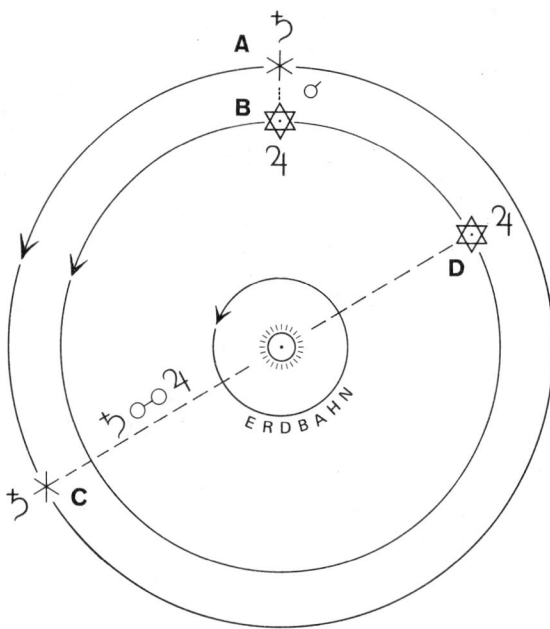

Figur 3: Konjunktions- und Oppositionsstellung von Saturn und Jupiter in der
Folge von 10 Jahren, kopernikanisch gesehen. Saturn hat in dieser Zeit erst ein
Drittel seines Umlaufs um die Sonne vollendet. Man beachte die Verschiedenheit
der gegenseitigen räumlichen Abstände beider Planeten in jeweils anderen Sternbildern.

42

Bei a (Figur 4) findet eine Konjunktion beider Planeten statt. Diese gehen zu dieser Zeit zusammen auf und unter. Nach rund 10 Jahren hat Saturn erst ein Drittel des Tierkreises durchwandert und steht bei e. In der gleichen Zeit aber hat der 12jährige Jupiter rund 5/6 seiner Kreisbahn durchlaufen. Es fehlen nur noch 2 Jahre bis zu ihrer Vollendung, also bis zum Erreichen des vorangegangenen Konjunktionsortes. Er steht jetzt bei b in der Oppositionsstellung zu Saturn im gegenüberliegenden Sternbild. Wenn jetzt Saturn im Osten aufgeht, geht Jupiter im Westen unter; und umgekehrt: steht Jupiter über dem Horizont, dann ist Saturn unter der Erde verschwunden. Beide Planeten verhalten sich absolut entgegengesetzt. – Nach weiteren 10 Jahren finden sich beide Gestirne bei c zur nächsten Konjunktion ein und ziehen jetzt vereint über den Himmel. Nach wiederum 10 Jahren erblicken wir Saturn bei der frühe-

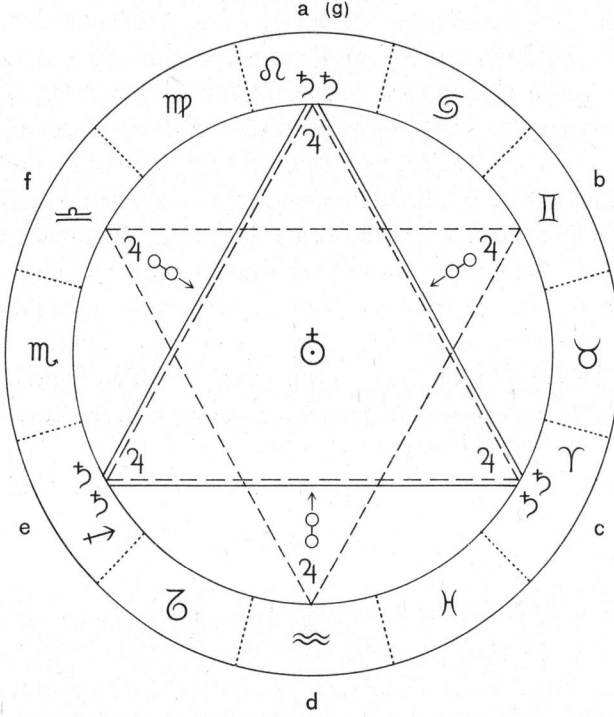

Figur 4: Die je drei zusammengehörenden Konjunktions- und Oppositionsorte von Saturn und Jupiter. Die beiden polaren Trigonstellungen verweben sich im Rhythmus von 60 Jahren zu einem Hexagramm.

ren Konjunktionsstelle (a). Er hat in den dreimal zehn, also in 30 Jahren, seinen ganzen Umlauf vollendet. Er erinnert sich gleichsam daran: Hier fand vor 30 Jahren meine Konferenz mit Jupiter statt; wo mag er jetzt wohl sein? Die Antwort ist überraschend: Jupiter steht dem bedächtigen Saturn in Opposition bei d gegenüber. Immer dann, wenn Saturn nach 30 Jahren an die Stelle der Großen Konjunktion kommt, tritt ihm Jupiter im gegenüberliegenden Sternbild entgegen.

Die *Zusammenschau* der polaren Konstellationen in der 60jährigen Konjunktionsperiode ergibt einen Sechsstern, ein kosmisches Hexagramm.

Dem Trigon der Großen Konjunktionen webt sich ein neues Trigon der Oppositionsstellungen des beweglicheren Jupiters (s. Fig. 4, b-d-f) in harmonischer Weise ein. Der gleichsam konservative Saturn hingegen befestigt das Konjunktionstrigon (a-c-e) mit einem zweiten Trigon seiner Oppositionsstellungen in den gleichen Sternbildern. Räumlich schreiten die Konjunktions- und Oppositionsstellungen von Ost nach West um jeweils 60 Grad fort und bauen so in 60 Jahren die Figur des Sechssterns auf. Das rhythmologische Konstellationsgefüge umschließt als höhere Ganzheit zeitlich zwei siderische Saturn- und fünf siderische Jupiter-Umläufe. Der 60jährige *übergeordnete* Rhythmus ergibt sich also aus dem polaren Zusammenklang der beiden siderischen Grundrhythmen des *langsameren* Saturn mit dem *schnelleren* Jupiter.

Zur Verdeutlichung sei dieser größere Rhythmus in Figur 5 nochmals unter einem mehr zeitlich betonten Gesichtspunkt dargestellt. Sechs kleinste 10-Jahresschritte von Konjunktion zu Opposition schließen sich über die drei großen Schritte der 20jährigen Konjunktions- bzw.

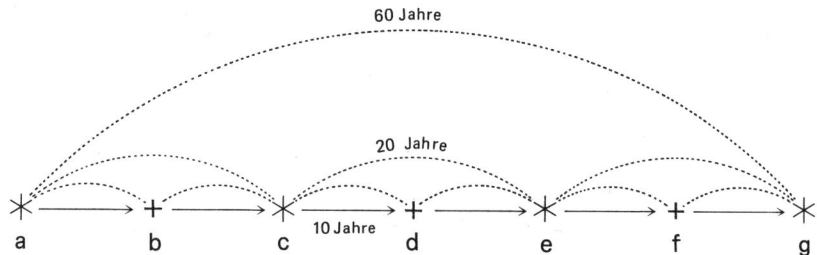

Figur 5: Die zeitliche Gliederung der aufeinanderfolgenden Konjunktionen (a, c, e, g) und Oppositionen (b, d, f) von Saturn und Jupiter in einer Trigonperiode.

Oppositionsperiode zum ganzheitlichen sechsgliedrigen Dreischritt der 60jährigen Periode zusammen. Musikalisch empfunden, werden wir im Klingen der Sphärenharmonie urbildhaft an den $^3/_4$-Takt oder den $^6/_8$-Takt der irdischen Musik erinnert.

Den Spuren Keplers folgend, stießen wir im Sinne einer goetheanistischen, ganzheitlichen Betrachtung auf das geschilderte hexagrammartige Zusammenwirken von Saturn und Jupiter. Das aus polaren Konstellationen sich verwebende, räumlich-zeitliche Sternendiagramm darf als Gestirn oder als ein «Stern höherer Ordnung» bezeichnet werden. Als ‹neuer Stern› ist er einer *Nova* auf einer anderen Ebene vergleichbar. Aber diese ‹Nova› blitzt nicht auf, um nach relativ kurzer Zeit wiederum zu verschwinden. Dieser unsichtbare ‹Stern› begleitet die Menschheit in seinem Rhythmengang durch Jahrtausende – aus ferner Vergangenheit in ferne Zukunftszeiten. Er ist immer gegenwärtige, uns umwebende und durchklingende Sternendynamik.

Der Intellekt des modernen Astronomen wird einem solchen Himmelsphänomen gegenüber, das wir als Ausdruck eines realen, zunächst nur ideell gesehenen Zusammenhangs tiefer zu bewerten suchen, einwenden: es handelt sich um reinen Zufall! Wäre die Umlaufzeit Saturns oder Jupiters etwas länger oder kürzer, so würde sich das Hexagramm sofort auflösen. Nach den drei Keplerschen Gesetzen kann an jeder Stelle des planetarischen Raums ein Planet kreisen. Wäre Jupiter oder Saturn nur einige zehntausend Kilometer näher oder weiter von der Sonne entfernt, so hätte jeder Planet sofort eine berechenbare kürzere oder längere Umlaufzeit; die 19,86jährige Konjunktionsperiode würde sich entsprechend verändern und das «Aufscheinen» des trigonalen Zusammenklangs verschwinden. Wir haben hier das Beispiel eines richtigen, bloß logisch schlußfolgernden Denkens vor uns, das Rudolf Steiner von dem wirklichkeitsgemäßen Denken streng unterschieden wissen wollte. Vertrauen wir im vorliegenden Falle Goethes Wort: «Die Phänomene selbst sind die Lehre», so müssen wir allerdings den Schritt von der goetheanistischen zur geisteswissenschaftlichen Betrachtung machen, um vom Gesichtspunkt anschauender Urteilskraft zu einer höheren «Wirklichkeit» aufsteigen zu können.

Alle berechenbaren Sternbewegungen sind Ausdruck der Taten bewußter, schöpferischer Wesenheiten, die in Urzeiten (noch vor der

Mitte der atlantischen Periode) unmittelbar mit dem werdenden Kosmos verbunden waren. Einen näheren Aufschluß geben die Ausführungen Rudolf Steiners im Helsingforser Zyklus. Dort wird gezeigt, daß jeder «Planet für den Okkultisten durchaus eine wirkliche Wesenheit» ist, «welche das, was in ihr vorgeht, nach Gedanken regelt». Es ist die zweite Hierarchie, die sich in der Form, im Leben des Planeten, in seiner inneren Beweglichkeit und in der Durchdringung mit Bewußtsein äußert. Um ihn aber als Körper durch den Raum zu führen auf seiner Laufbahn um die Sonne, bedarf es des Willensimpulses der Wesen einer höheren Rangordnung. «Das, was den Planeten durch den Raum führt, was seine Bewegung im Raum regelt, was da macht, daß er z. B. um den Fixstern (also unsere Sonne, der Verfasser) sich bewegt, das entspricht den Geistern des Willens: sie geben den Planeten den Impuls, hinzufliegen durch den Raum. Also die Bewegung der Planeten im Raum, die entspricht den Geistern des Willens oder den Thronen.» Demnach ist die geschilderte siderische 30- oder 12jährige Umlaufzeit von Saturn und Jupiter im planetarischen Raum ein Ausdruck dieser Wesen der ersten Hierarchie.

Wer aber regelt den Bezug der Planeten untereinander? Wer stimmt sozusagen ihren Grundton zum Intervall-Verhältnis untereinander ab als Voraussetzung der kosmischen Symphonie, die erst durch ihren Zusammenklang den planetarischen Organismus bildet? «Dieses Zusammenstimmen der Bewegungen des einen Planeten mit dem andern, diese Tatsache, daß in der Bewegung des einen Planeten Rücksicht genommen wird auf die des anderen, das entspricht der Tätigkeit der Cherubim. Also die Regelung der gemeinsamen Bewegung des Systems entspricht der Tätigkeit der Cherubim.» Die Beziehungen der Planetensysteme untereinander und das, was «von Fixstern zu Fixstern waltet als gegenseitige Verständigung», wodurch «allein der Kosmos zustande kommt», bedarf noch höherer Wesenheiten. «Das, was sozusagen die Planetensysteme durch den Weltenraum miteinander sprechen, um zum Kosmos zu werden, das wird geregelt durch diejenigen Geister, welche wir Seraphim nennen.»[22]

Wir dürfen also, ohne in schwärmerischen Mystizismus zu verfallen, in dem aufgedeckten Sternendiagramm, das Saturn und Jupiter im Zusammenklang ihrer großen Begegnungsrhythmen formen, einen Ausdruck des weisheitsvollen Waltens der Cherubim sehen. Göttliche Weltgedanken offenbaren sich in der geometrischen Zeichensprache des Himmels. Sie zu erfassen war Keplers innerstes Anliegen: «Es ist etwas Großes um das Wort Gottes, gewiß, aber es ist auch etwas Großes um das Werk Gottes.» Von tiefster Frömmigkeit getragen, suchte er nach der «Harmonie der Sphären» als Ausdruck göttlicher Schöpfermacht und prüfte so «die harmonischen Konfigurationen der von je zwei Planeten herabkommenden Strahlen». Die darin sich zeigende geometrische Gesetzmäßigkeit, «die Geometrie ist einzig und ewig ein Widerschein aus dem Geiste Gottes. Daß die Menschen an ihr teilhaben ist mir eine Ursache dafür, daß der Mensch ein Ebenbild Gottes ist».

Johannes Kepler (1571–1630) lebte zwar an der Schwelle einer ‹neuen Zeit› – aber noch im Finsteren Zeitalter. So konnte er z. B. mit den aus der Überlieferung entstammenden, den Tierkreisbildern zugeschriebenen, differenzierten Kräftewirkungen keine Vorstellung mehr verbinden. Ehrlich gesinnt und wissenschaftlich orientiert, wie er war, greift er in seinen Horoskopen nicht darauf zurück: «Nur die Aspekte behalte ich bei und verbinde die Astrologie mit der Lehre von den Harmonien.» Von den planetarischen Konstellationen (Aspekten) aber war er fest überzeugt, daß «die Seele der Erde und die Seelen derer, die auf ihrer Oberfläche wohnen», sie «erfassen und würdigen mit einem verborgenen Instinkt».[3] Dieses Wahrnehmungsvermögen glaubte er, z. B. an den meteorologischen Erscheinungen, unmittelbar ablesen zu können und stützte darauf seine Wetterprognosen in den von ihm herausgegebenen Kalendern. Diese hätte ihm zur damaligen Zeit kein Bauer abgenommen ohne eine solche, für den Landbau wichtige Vorschau.

In der Morgenröte des ‹lichten Zeitalters› lebend, dürfen wir also zeitgerecht die Sternbewegungen als Ausdruck des differenzierten Wirkens hierarchischer, göttlicher Wesensheiten in einem ganz neuen Sinne erfassen. Die Geistesforschung vermag sogar über die Bedeutung des Auftretens neuer Sterne eine Aussage zu machen: «In Epochen, in denen, ich möchte sagen, die Götter hereinwirken wollen aus der astralischen Welt in die ätherische Welt, da sieht man solche aufleuchtenden und bald wieder sich abdämpfenden Sterne.»[23]

Wir sahen bereits, daß Kepler tief berührt war vom Auftreten der Nova 1604 am Fuße des Schlangenträgers über einer dreifachen Konjunktion von Saturn, Jupiter und Mars im Skorpion. Er schreibt im Hinblick auf den neuen Stern: «Was nun seine Bedeutung sein werdt, ist schwerlich zu ergründen, und dies allein gewiß, daß es entweder uns Menschen gar nichts oder aber solche hohe wüchtige Ding zu bedeuten habe, daß sie aller Menschen Sinn und Vernunft übertreffen.»[3] Er mag in seines Wesens Tiefen geahnt haben, daß hier eine Grußbotschaft der Seraphim vorlag, die «von Fixstern zu Fixstern . . . sozusagen die Planetensysteme miteinander sprechen»[22] lassen. War es das nächtlich erlebte Raunen und der unterbewußte inspirative Nachklang dieser Botschaft, die Kepler zum Suchen nach dem Stern der Weisen im Zusammenhang mit der Großen Konjunktion veranlaßte?

IV

Das ‹Gesetz allen Seins›

Konjunktions- und Oppositionsstellung sind – wie bereits ersichtlich wurde – die beiden polaren Grundaspekte des Zusammenklangs aller planetarischen Rhythmen im «Astralempfinden des Kosmos»[24]. Alle andern bedeutsamen Wechselstellungen sind Metamorphosen davon. Die beiden Aspekte entsprechen den zwei polaren Grundkräften der astralischen Welt, deren Verweben von Rudolf Steiner ausführlich in dem Buche «Theosophie» im Kapitel «Das Seelenland» geschildert wird. Es sind die Kräfte der Sympathie und der Antipathie. Ihrem Wechselweben liegt ein tiefes Geheimnis des Lebens der «Weltenseele», von der Plato noch sprach, zugrunde, das im kosmischen Bereich der Planeten seinen Niederschlag findet. Bei der Konjunktion und allen astrologisch als positiv oder günstig bezeichneten Aspekten (wie Trigon und Sextil) tritt das Sympathie-Element harmonischen Zusammenwirkens, bei der Opposition und Quadratur das Antipathie-Element in den Vordergrund. In diesem Lichte gesehen, ist das harmonische Verweben des Trigons der Konjunktionen und Oppositionen von Saturn und Jupiter zur Einheit des geschilderten Sechssterns ein Ausdruck des vollendeten Ausgleichs der Sympathie- und Antipathiekräfte im kosmisch-astralischen Bereich.

Ein noch tieferes Erfassen der Geheimnisse unserer ‹Nova› ist durch Ausführungen der Geisteswissenschaft über die Bedeutung der zwölf ‹Heiligen Nächte› möglich. Rudolf Steiner schildert, wie sich in dieser Zeit das an den Erdmittelpunkt gebundene Bewußtsein der «Pflanzen-Iche» aus dem unteren Devachan in den fernen Fixsternumkreis erhebt zum höheren Bewußtsein der Gruppen-Iche der Mineralien im obersten Devachan, um sich mit ihm zu vereinigen und zu durchdringen. Es kommt zu einem innigen – gleichsam konjunktiven – Zusammenwirken auf höchster Ebene. Dies ist in den Tiefwinternächten offenbar nur deshalb möglich, weil sich die Pflanzenwelt im Involutionszustand der Samenruhe, die als organische Aschebildung angesehen werden kann, selbst bereits dem mineralischen Element angenähert hat. Dadurch empfängt die Samenwelt der Pflanze jeweils neue Lebensimpulse für das kommende Jahr. Es findet in diesem einzigartigen Zusammenwirken eine Art Befruchtung oder Verjüngung statt. Bei dieser Gelegenheit betont der Geistesforscher: «In dieser Zeit durchdringen sich zwei Zyklen. Und das ist das Gesetz überhaupt alles Seins, daß sich zwei Zyklen durchdringen und dann wieder getrennt weiter entwickeln, dann wiederum durchdringen.»[25] Da dieses Gesetz *allem* Sein zugrunde liegt, könnte man in Parallele zum «sozialen Hauptgesetz» von einem «evolutorischen Hauptgesetz» sprechen, dessen weitere Erforschung sich als ein zentrales Zukunftsanliegen erweist. Offensichtlich ist es mit dem Wesen des Rhythmus, der alles Leben durchdringt, untrennbar verbunden; denn es ist von «Zyklen», also Perioden oder Rhythmen und deren Wiederholung die Rede. In der Tat ist der genannte geheimnisumwitterte Prozeß an den Jahreslauf gebunden und wiederholt sich jährlich mit dem Kreislauf der Sonne.

Die Beleuchtung der Großen Konjunktion durch das «evolutorische Hauptgesetz» führt zu folgender Überlegung. Im Urbeginn war der Mutterschoß des planetarischen Systems ein einheitliches Gebilde, worauf ja auch die Vorstellung des Kant-Laplaceschen Urnebels hindeutet. Alle Entwicklung besteht in einer Differenzierung, im Absondern und Sich-Loslösen einzelner und immer mehr individueller Weltkörper in Gestalt von Erde, Sonne, Mond und Wandelsternen. Aber so, wie sich der Mond bereits im 8. Jahrtausend wieder mit der Erde verbinden wird und in ferner Zeit die Sonne mit der Erde, so werden alle planetarischen Einzelkörper im Evolutionsgeschehen stets wieder zusammengeführt und vereinigt; sie durchdringen sich schließlich gänzlich im jeweiligen Pralaya-Zustand.

Was so in gewaltigen Zyklen im Sinne der Evolutionsphasen der «Geheimwissenschaft im Umriß» im großen geschieht, wiederholt sich in vielfältigen Metamorphosen im kleinen. Denn jeder Teilprozeß im Kosmos ist Glied eines organischen Ganzen und geht aus dessen Gesetzen hervor.

In dieser Sicht ist kosmologisch jede Konjunktion zweier Gestirne ein Bild der Vereinigung, des Zusammenwirkens. Dies wird phänomenologisch bei Neumond, also bei der Konjunktion von Sonne und Mond besonders deutlich, da der Mond für uns unsichtbar wird und gleichsam im Sonnenglanz sich auflöst. Der ‹neue Mond›, die zarte, junge Sichelgestalt in der Abenddämmerung, gehört zwar dem scheinbar unverändert wieder hervortretenden alten Mondkörper an, aber dessen Sphärenkräfte, die mit dem keimenden Leben und seinen Vererbungs- und Fortpflanzungskräften unlösbar verbunden sind, wurden durch die konjunktive Verbindung mit der Sonne erneuert und verjüngt. In ähnlicher Weise muß die Große Konjunktion von Saturn und Jupiter tiefer verstanden werden. Sie führt im 19,86jährigen Zyklus – astrologisch gesehen – zu einer Verbindung des Kräftewirkens beider Planeten. Ihr kommt als einer funktionellen Einheit in dieser Form eine einzigartige und gesteigerte Wirksamkeit zu. Diese modifiziert sich allerdings nach dem jeweiligen Stand in den einzelnen Sternbildern.

Nach der Begegnung lösen sich die beiden Planeten wieder voneinander, gehen eigene Wege und betonen sozusagen ihre Eigenarten, um sich «getrennt weiterzuentwickeln». Schließlich stehen sie sich in größter Entfernung polar in der Opposition gegenüber und messen ihre Kräfte gegenseitig in ganz anderer Art, um sich danach – dem evolutorischen Hauptgesetz folgend – wiederum anzunähern und «zu durchdringen» (s. auch Fig. 3).

Die Einbindung der großen Konjunktions- und Oppositionszyklen von Saturn und Jupiter über die Zahlenqualität der Dreiheit zu dem geschilderten hexagonalen Konstellationsgefüge, der «Nova höherer Ordnung», darf demnach als ein besonders kunstvoller und vollendeter Ausdruck des Gesetzes, das alles Sein durchdringt, angesehen werden. «Saturns weltenalte Geistinnigkeit» und «Jupiters erstrahlende Weisheit» bilden so ein vollkommenes Sphäreninstrument, durch das die Cherubim ihre Impulse aus dem Umkreis in das übrige Planetensystem einfließen lassen können.

Das evolutorische Hauptgesetz muß aber auch im irdischen Bereich, sowohl in den Naturreichen als auch in der Menschheitsentwicklung eine entscheidende Rolle spielen, wenn auch in vielleicht nicht immer sogleich erkennbaren Metamorphosen. «Adam Kadmon», der kosmische Urmensch, wurde in viele irdische Manifestationen des Menschseins, in Rassen und Völker differenziert und aufgespalten. Aber es ist das Ziel der Erdenevolution, die Gruppierungen einmal wieder in höherer Form zur Einheit zusammenzuführen. Der Zoologe dürfte z. B. an solche Erscheinungen wie die Aufspaltung des die Lüfte erobernden

Vogelgeschlechts und der erdverbundenen Reptilien aus dem Ur-Reptil denken. Gab es dabei evolutorische «Sackgassen», weil die allzu große Differenzierung eine Vereinigung im physischen Bereich nicht mehr ermöglichte?

Als die atlantische Menschheit nach Osten auswandern mußte, entstanden zwei polar verwandte Mysterienströmungen, die des Nordens und die des Südens. Die eine repräsentierte den Schulungsweg, der zur Ausweitung des Bewußtseins in den Makrokosmos führte, die andere den Weg in das Innere des Menschen, in den Mikrokosmos. Die zeitgerechte Auferstehung des Mysterienwesens in den kommenden Jahrhunderten wird beide Strömungen in gesteigerter Einheitlichkeit als Initiationsprinzip zur Entwicklung führen, das die niedergehende Zivilisation befruchten und verjüngen muß. Der Impuls dazu geht von dem Geschehen der Zeitenwende aus.

In diesem Zusammenhang darf daran erinnert werden, daß dem Mysterium von Golgatha selbst drei kosmische Vorstufen vorangegangen sind. Die Christus-Wesenheit verband sich jeweils in verschiedenen kosmischen Bereichen mit der engelhaften, nathanischen Wesenheit, um heilende Kräfte in das von luziferischen und ahrimanischen Einwirkungen bedrohte Menschheitswerden belebend einzustrahlen. Der Vereinigung in diesem opferbereiten Gefäß folgte jedoch stets wieder die Trennung. Auf Erden darf die Verschmelzung der gleichen Zweiheit und ihre Trennung durch den Opfertod auf Golgatha als Vollendung dieser rhythmischen Vorphasen im Sinne der Erfüllung des «Gesetzes alles Seins» angesehen werden. Es liegt demnach auch den Worten des Ägypter-Evangeliums, «daß das Heil erscheinen wird, wenn die Zwei Eines und das Äußere wie das Innere sein wird», zugrunde. So gesehen, wird der Bezug möglich zum prägnantesten kosmologischen Ausdruck dieses Urgesetzes, der Großen Konjunktion. Im folgenden soll dies immer deutlicher herausgearbeitet werden.

Der Leser wird sich hier vielleicht selbst an das schon angeführte und zunächst so überraschende Rätsel der zwei Jesusknaben erinnert fühlen. Zwei bis in die Namengebung wesensverwandte Familien gehen aus zwei getrennt sich weiter entwickelnden Erbströmungen hervor, die aber der gemeinsamen abrahamitischen Wurzel entstammen. Die Verschiedenheit der nathanischen und salomonischen Linie tritt im Neuen Testament in Erscheinung und wird von Rudolf Steiner im fünften

Vortrag des Matthäus-Evangeliums noch dadurch betont, daß er ihre verschiedenen rhythmologischen Gesetzmäßigkeiten im Sinne der sieben mal elf und sieben mal sechs Generationen herausarbeitet (siehe später). Die beiden getrennten Strömungen werden im zwölften Jahr nach der Geburt der beiden Jesusknaben im Tempel zu Jerusalem weisheitsvoll wieder zusammengeführt, um im Geschehen von Golgatha die Vollendung zu erfahren. Novalis nannte es ein «Weltverjüngungsfest». Muß der Schlüssel zu den damit verbundenen Rätseln nicht im evolutorischen Hauptgesetz gefunden werden?

V

Die dreifache Große Konjunktion

Ein kosmisches Kunstwerk

Als Kepler nach dem Aufstrahlen der Nova im Jahre 1604 oberhalb der Begegnungsstätte der drei obersonnigen Planeten deren Sternengang in die Zeitenwende zurückverfolgte, wurde er offenbar enttäuscht und überrascht zugleich. Denn statt der erwarteten Begegnung der drei Wandelsterne – der Mars fehlte – stieß er auf die Verdreifachung der Großen Konjunktion von Saturn und Jupiter. Ohne das Auffinden dieser seltenen Konstellation hätte er sicher seine Auffassung über den Stern der Weisen, von der oben die Rede war, nicht weiter verfolgt oder vertreten. Denn auch ihm war bewußt, daß die einfache Große Konjunktion als solche, da sie alle 20 Jahre stattfindet, keine Aussagekraft besitzt, die auf die Geburt des Messias hinzuweisen vermag.

Wie kommt es nun – astronomisch gesehen – zur dreifachen Wiederholung der Konjunktion von Saturn und Jupiter in *einem* Jahr? Ist doch auf unseren Uhren, deren Zeigerstellung wir als Vergleich herangezogen hatten, keine Verdreifachung der Zeigerbegegnung, z. B. um zwölf Uhr, möglich.

Die Beantwortung dieser Frage führt in ein neues Gebiet planetarischer Rhythmik. Es handelt sich um die sogenannten *synodischen* Rhythmen. Diese sind mit der Schleifenbildung der Planeten verknüpft und eindeutig an das Zusammenspiel mit der Sonne gebunden. Deshalb veranlassen sie den Himmelsbeobachter, über die Sonderstellung der Sonne im «Reigen der Brudersphären» nachzuforschen.

Wenn der Mond den Mars oder die Venus den Jupiter überrundet im siderischen Umlauf durch den Tierkreis, kommt es zwar zur einer Konjunktion (oder beim Stand im gegenüberstehenden Sternbild zu einer Opposition), aber bei beiden Planeten ändert sich weder ihre Geschwindigkeit noch ihr Leuchtglanz. Ganz anders ist dies aber bei einer Begegnung mit der Sonne. Sobald die raschere Sonne sich z. B. dem Jupiter, der im Sternbild Zwillinge stehen mag, in Widder oder Stier nähert, beschleunigt der Planet seinen Lauf. Im Augenblick der Begegnung (Konjunktion) hat er die schnellste Vorwärtsbewegung. Er wird trotzdem von der Sonne überholt, ist in deren Strahlenmantel verschwunden und zieht mit ihr zusammen am Tage über den Himmel.

In dem Maße, wie sich die Sonne – in Krebs und Löwe weiterziehend – von Jupiter entfernt, wird der Lauf des Planeten wieder langsamer. Er kommt – phänomenologisch gesehen – schließlich sogar zum Stillstand und beginnt mit beschleunigter Geschwindigkeit rückwärts – von Ost nach West, also der von der Sonne vorgeschriebenen Richtung entgegen – zu laufen. Es setzt die Schleifenbildung ein. Jupiter – und so jeder andere Planet – erreicht dabei seine Höchstgeschwindigkeit in dem Augenblick, da ihm die Sonne im gegenüberliegenden Sternbild, in unserem Fall also im Schützen, in Opposition entgegensteht. Aber auch sonst verhält er sich entgegengesetzt. Er geht jetzt – wie der Vollmond – in dem Augenblick auf, in dem die Sonne untergeht, und steht – zum Nachtplaneten geworden – die ganze Nacht am Himmel. Um Mitternacht, wenn die Sonne im Norden am tiefsten steht, erreicht er im Süden – in Kulmination – seinen Höchststand. Mit der erneuten Annäherung der Sonne wiederholt sich das geschilderte Verhalten in spiegelbildlicher Weise. Über einen erneuten Stillstand kommt es zur Vollendung der Schleife des weiter wandernden Jupiters, den die Sonne im nächsten Jahr – im Sternbild Krebs – in einer erneuten Konjunktion einholt. Dieser – *synodisch* genannte – Konstellationsrhythmus zwischen Sonne und Jupiter umfaßt 1 Jahr und 33 Tage. In zeitlich abgewandelter Form gilt das geschilderte Verhalten für alle obersonnigen Planeten. Der entsprechende sonnengebundene Rhythmus des Saturn währt 1 Jahr und 13 Tage, für den Mars 2 Jahre und 49 Tage.

Diese synodischen Rhythmen der Planeten sind zugleich mit einem unübersehbaren fortwährenden Wandel ihrer Leuchtkraft verbunden. Von der Konjunktion bis zur Opposition nimmt ihre Leuchtkraft zu, erreicht in den Nächten der Opposition den Höhepunkt und klingt bis zur nächsten Konjunktion wieder ab. Das Geschehen erinnert den Sternkundigen an den bekannten Phasenwechsel des Mondes, dessen synodischer Rhythmus ebenfalls an die Sonne gebunden ist, wie die Neumond- und Vollmondstellung zeigt. Auch dieser Rhythmus mit seiner Dauer von 29,5 Tagen unterscheidet sich deutlich vom siderischen Rhythmus – dem Durchgang durch den Tierkreis – mit nur 27,3 Tagen.

Durch die geschilderte Beziehung zur Sonne wird das Gleichmaß der siderischen Periodik dynamisiert und gleichsam durchatmet. Erst so wird jeder Planet zum Wandel-Stern, der im Crescendo und Decrescendo seiner Leuchtkraft, im Akzelerando und Ritardando seiner Geschwindigkeit sowie in der Umkehr seiner Bewegungsrichtung vielfältig zu schwingen beginnt. Die Sonne tritt – so gesehen – als der impulsierende Dirigent im Konzert der Sphärenharmonie auf.

Die Große Konjunktion von Saturn und Jupiter ist zu jedem Zeitpunkt des synodischen Rhythmus und selbstverständlich in jeder – dauernd wechselnden – Entfernung vom Stand der Sonne sowie in jedem Sternbild möglich. Aber jede Große Konjunktion kann auch in ihrem Verhältnis zum synodischen Rhythmus beider Planeten betrachtet werden und zeigt dabei einen jeweils anderen Charakter durch ihre Verwobenheit mit dem Tagesgang und dem Jahreslauf der Sonne.

Findet zum Beispiel eine Große Konjunktion im gleichen Monat statt, in dem die Sonne in das betreffende Sternbild eintritt, in dem Saturn und Jupiter sich begegnen, so kommt es zu einer zusätzlichen Konjunktion mit dem Zentralgestirn. Beide Planeten – ohnehin zum Minimum ihrer Leuchtkraft herabgedämpft – entziehen sich unseren Augen im Tagesglanz der Sonne, so daß die Große Konjunktion gar nicht beobachtet werden kann. Sie spielt sich hinter oder oberhalb der Sonne in äußerer Unscheinbarkeit ab. Es ist die einzige Form der Großen Konjunktion, bei der beide Planeten nur tagsüber oberhalb des Horizontes das Himmelsrund durchwandern.

Das genaue Gegenteil ist der Fall, wenn die Sonne während der Großen Konjunktion in das entgegengesetzte Sternbild eintritt, also den beiden Wandlern in Opposition gegenübersteht. Jetzt befinden sich die beiden Planeten im strahlendsten Glanz, mitten in der Rückwärtsbewegung ihrer Schleifenbildung, und sind die ganze Nacht – vom Sonnenuntergang bis Sonnenaufgang – zu sehen. Alle diese Besonderheiten sind bei jeder anderen Großen Konjunktion nicht möglich, da die Konjunktion nur während eines Teils der Nacht zu sehen ist, bei vermindertem Glanz.

In der himmlischen Ordnung wird diese einzigartige Große Konjunktion, die also mit der Rückläufigkeit der Planeten verbunden ist, nunmehr besonders hervorgehoben durch zwei weitere Begegnungen von Saturn und Jupiter. Sie flankieren die Begegnung im strahlendsten Glanz links und rechts, sie leiten diese gleichsam ein und lassen sie ausklingen.

Es ereignet sich die zur Rede stehende *dreifache* Große Konjunktion. Sie kommt also durch das Verweben der Schleifenbewegung beider Planeten zustande. Jupiter überholt den langsameren Saturn erstmals vor dem ersten Stillstand (s. Figur 6, I), zum zweiten Mal westlich davon mitten in der Rückwärtsbewegung der Schleifenbildung, dann nach dem zweiten Stillstand und der Umkehr zur Rechtsläufigkeit ein drittes Mal (s. Figur 6, III). Der raschere Jupiter vollzieht dabei in der gleichen Zeit eine größere Schleife als der langsamere Saturn. Die drei zusammengehörigen Begegnungen (Konjunktionen) erfolgen also entgegen dem Sonnenlauf in der Richtung von Ost nach West, wie dies auch bei der Aufeinanderfolge im Trigon der Großen Konjunktionen der Fall ist.

Da allein schon die Rückläufigkeit beider Planeten rund 4 Monate in

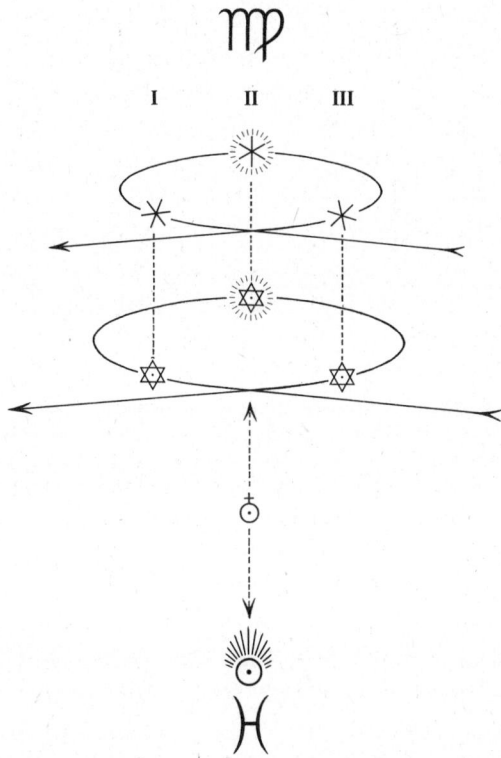

Figur 6: Die Entstehung der dreifachen Großen Konjunktion beim Zusammentreffen der Schleifenbildung beider Planeten im gleichen Sternbild, also in der gleichen Phase ihres synodischen, sonnengebundenen Rhythmus.

Anspruch nimmt, zieht sich das Konstellationsgeschehen über viele, zumeist über 7 Monate hin. Bei der dreifachen Konjunktion im Jahre 1981 im Sternbild Jungfrau fiel die erste Große Konjunktion von Saturn und Jupiter in die Silvesternacht von 1980 auf 1981, die zweite Konjunktion fand am 4. März und die dritte erst am 24. Juli 1981 statt.

Die genauere Betrachtung der verdreifachten Großen Konjunktion zeigt, daß die drei Begegnungen, obwohl sie sich im gleichen Sternbild abspielen, nicht gleichartig sind oder als eine bloße Summierung aufgefaßt werden können. Sie haben einen individuellen Charakter und fügen sich in besonderer Weise in den Tages- und Jahreslauf, also in das Wechselspiel von Sonne und Erde ein.

Nach der Konjunktion eines obersonnigen Planeten mit der rasch weiterlaufenden Sonne, gibt diese seinen Anblick in den Morgenstunden vor Sonnenaufgang erstmals wieder frei. Der erneut sichtbar werdende Planet geht im ‹Frühlicht› kurz vor Sonnenaufgang auf und erobert sich langsam *über eine Morgensternphase* die Nachtstunden. In dem Maße, wie die Sonne weiterwandert, schiebt er seine Aufgangszeit immer früher in die zweite Nachthälfte hinein. Ähnliches gilt natürlich für zwei Planeten gleichzeitig, wenn zum Beispiel Saturn und Jupiter im gleichen Sternbild nahe beieinander stehen. So überholte die Sonne 1980 den Jupiter am 13. und den nahe dabei stehenden Saturn am 23. September im Sternbild Jungfrau. Nach rund drei Wochen wurden beide Planeten in der Morgendämmerung wieder sichtbar in ihrer Morgensternphase. Im Dezember 1980 war die Sonne bis zum Sternbild Schütze weitergewandert und Saturn und Jupiter gingen an Weihnachten bereits kurz nach Mitternacht auf und kulminierten ungefähr bei Sonnenaufgang. Sie waren nur in der zweiten Nachthälfte am Ost- oder Südost-Himmel zu sehen. In diese Zeit und Örtlichkeit gliederte sich daher auch die erste der drei Großen Konjunktionen in der Silvesternacht im Sternbild Jungfrau ein.

Bei der *dritten* Konjunktion hingegen – im Sommer 1981 – näherte sich die Sonne bereits wieder den beiden Planeten, und diese suchten ihr gleichsam durch die Beschleunigung ihrer Geschwindigkeit zu entkommen. Sie waren nach Sonnenuntergang am Südwesthimmel in absteigender Richtung zu erblicken und um Mitternacht bereits untergegangen. Zeitlich gesehen gehörte ihnen jetzt nur die erste Nachthälfte. Während sich die erste Konjunktion mit der Phase des ansteigenden Glanzes verbindet, fällt die dritte mit der bereits wieder abklingenden Leuchtkraft des synodischen Rhythmus zusammen.

Die *mittlere* Konjunktion füllte hingegen – von Ost nach West über den Himmel ziehend – die ganze Nacht aus mit ihrer Sichtbarkeit und vermittelte so die polaren Erscheinungsformen. Beim Höchststand in der Kulmination im Süden stand dem planetarischen Zwillingspaar im strahlendsten Glanze die Sonne um Mitternacht tief im Norden entgegen. Der *mittleren* – ursprünglichen – Großen Konjunktion kommt also eine unübersehbare, zentrale Rolle zu, die durch die beiden flankierenden zusätzlichen Großen Konjunktionen hervorgehoben wird.

Die *dreifache* Konjunktion ist also in sich differenziert und erweist sich als eine zeitlich und räumlich wohlgeordnete, dreigegliederte Ganzheit. Mit der Harmonie der Sphären ist sie durch ihren Dreiklang besonderer Art verwoben.

Es klingen letzten Endes sechs Rhythmen zusammen. Die Zweiheit von Saturn- und Jupiter wird durch das Hinzutreten der Sonne zu einer Begegnung dreier Himmelskörper: Dem 20jährigen Rhythmus der Großen Konjunktion, der aus den zwei siderischen Grundrhythmen von Saturn und Jupiter hervorgeht, verwebt sich – im einjährigen Sonnenlauf – die zusammenklingende Oppositionsphase der zwei synodischen Rhythmen beider Planeten. So steigert sich das Konstellationsgeschehen zur dreifachen Konjunktion.

Will man letzteres mehr bildhaft erfassen, so könnte man an folgende Metamorphose denken: Die Große Konjunktion sei dabei als kosmisches Fenster aufgefaßt, durch das wir gleichsam in himmlische Geheimnisse hineinblicken und durch das uns ein besonderes Licht entgegenstrahlt (s. Fig. 7).

Figur 7

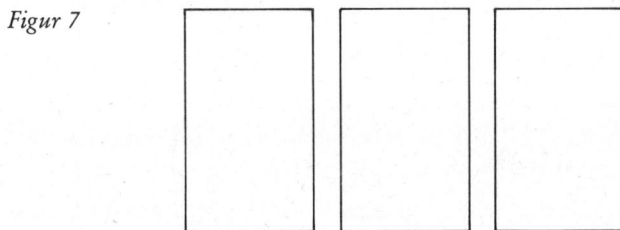

1. Phase: Drei (begrifflich) gleiche Ereignisse (Große Konjunktionen) wiederholen sich.

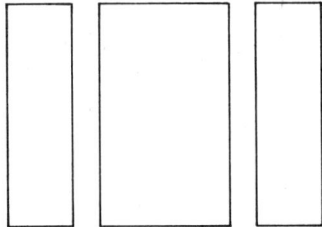

2. *Phase:* Die mittlere Konjunktion ist die wesentliche und übertrifft die beiden anderen an Sichtbarkeitsdauer; die flankierenden Konjunktionen spielen eine untergeordnete Rolle und treten an Sichtbarkeitsdauer und Glanz zurück.

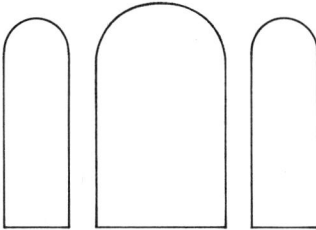

3. *Phase* Das Geschehen weist einerseits zur Erde, die sich zwischen Sonne und beide Planeten stellt, spielt sich aber zugleich in Kreisläufen im Rund des Himmels Tag für Tag ab (diese Gegensätzlichkeit sei durch das Abrunden der oberen Fensterbezirke angedeutet).

4. *Phase:* Die erste und dritte Konjunktion weisen in ihrer Gegensätzlichkeit östlicher und westlicher Raumbezogenheit und durch ihre zeitliche Beziehung zur zweiten und ersten Nachthälfte auf das zentrale Geschehen hin. Sie leiten es ein und aus.

5. Phase: Die drei Ereignisse stehen also nicht gleichgültig nebeneinander, sondern bilden ein dreigegliedertes Ganzes. (Wollte man diesen Zusammenhang noch stärker hervorheben, so könnte man die Figuren durch eine übergeordnete Geste verbinden.)

Wir kommen so zu einer differenzierten Gestaltung, in welcher der Leser ein künstlerisches Hauptmotiv des ersten Goetheanum-Baues in Dornach erkennen kann. Die Anschauung dieses Motivs vermag zweifellos den Sinn zu erwecken für ein tieferes Verständnis der dreifachen Himmelserscheinung. Auch sie muß – ohne daß hier ein unmittelbarer Zusammenhang konstruiert werden soll – mit künstlerischem Blick erfaßt werden. Dazu gehört eine von der Zeit geforderte Vertiefung der rein naturwissenschaftlichen, quantitativen Betrachtungsweise, worauf Rudolf Steiner vorausblickend mit den Worten hingewiesen hat: «Es wird nicht mehr lange dauern, da wird ergänzt werden dasjenige, was man heute Wissenschaft nennt, durch eine ungeheuere Erweiterung. Dann aber wird man verstehen, welches die wahren tieferen ästhetischen Formgesetze . . . sind.» Man wird dann erfassen, daß das, «was künstlerisch ist in einem höheren Sinne, eben feste Gesetze und feste Formen hat . . ., welche in den tieferen Wesensgesetzen des Kosmos wohlbegründet sind.»[26]

Erika Beltle schreibt zu diesen Sätzen in einem Beitrag über «Kunstprobleme»: «Diese Sätze . . . werden erkennen lassen, ob die im Kunstwerk angewandten Mittel untereinander und zum Ganzen in einem solchen Verhältnis stehen, daß sie Wahres ausdrücken und den Betrachter dadurch zu neuen Erfahrungen führen können.»[27] Das Sternenkunstwerk der dreifachen Konjunktion fordert uns auf, zu solchen «neuen Erfahrungen» vorzustoßen. Denn «was im Kosmos wirkt, das ist schon die größte Künstlerin. Der Kosmos gestaltet alles nach Gesetzen, die auch im tiefsten Sinn den Künstlersinn befriedigen.»[28]

Diese Befriedigung des Künstlersinns wird im Fall der dreifachen Konjunktion auch dadurch möglich, daß die astronomischen Gesetze, die ihr zugrunde liegen, zwar exakt sind, aber zugleich in innerer – musikalischer – Beweglichkeit unendlich viel Variationen der einzelnen Erscheinungsbilder zulassen. An jeder Spitze des Trigons stellt sich eine dreifache Konjunktion zum Beispiel anders in den Jahreslauf hinein und hat einen individuellen Charakter. Im Jahre 1981 folgten die drei Konjunktionen einander im Winter, Frühling und Sommer. Bei der dreifachen Konjunktion im Jahre 1940 und 1941 im Sternbild Widder fand die erste Konjunktion am 8. August, die zweite am 20. Oktober 1940 und die dritte am 15. Februar 1941 statt. Das konstellative Geschehen zog sich also durch Sommer, Herbst und Winter hin.

Im Jahre 1981 verflossen von der ersten bis zur zweiten Konjunktion 63 und von da bis zum Abschluß in der letzten Begegnung 142 Tage. 1940/41 betrug der Abstand zwischen den drei Konjunktionen hingegen 72 und 117 Tage. Es zeigt sich also eine asymmetrische Gestaltung, die – zeitlich orientiert – um die zentrale Konjunktion pendelt. Im idealen Fall würde die mittlere Konjunktion exakt mit den Oppositions-Zeitpunkten zur Sonne und damit auch mit den Nächten des strahlendsten Glanzes zusammenfallen. Dann hätten auch die flankierenden Konjunktionen den gleichen zeitlichen und räumlichen Abstand von der mittleren Großen Konjunktion. Eine solche Kombination ist zwar urbildhaft veranlagt, dürfte aber äußerst selten eintreten.

VI

Kosmisches Sprießen und Blühen

Die ‹Verknäuelung der Zeit›

Bei der Entstehung der dreifachen Großen Konjunktion ist es wesentlich, daß sich die Sonne mit den beiden Planeten in einem entscheidenden Augenblick konstellativ verbindet. Sie tritt der Großen Konjunktion im gegenüberstehenden Sternbild in *Opposition* entgegen, und erst diese Polarität der Konstellationen führt zur Steigerung in Gestalt der Verdreifachung der Großen Konjunktion. Das so entstandene Konstellationsgefüge bleibt aber Glied – wenn auch ein besonders herausragendes – in der Gesetzmäßigkeit der Kette der gewöhnlichen Großen Konjunktionen, die das bekannte Trigon im Tierkreis bilden.

Blicken wir dabei auf das Hexagramm, das sich in 60 Jahren formt, so finden wir die Sonne an einer Spitze desselben. Sie tritt an die Stelle, an der Jupiter 30 Jahre zuvor im gleichen Sternbild zu Saturn in Opposition gestanden hat. Sie verbindet sich also in sinnvoller Weise mit dem Strahlengeflecht unserer ‹Nova› und entlockt ihr das dreifache Sternengeschehen. Da sich dieses zugleich – wie wir oben gesehen haben – sinnvoll in den Tagesgang der Sonne eingliedert, wird die Beziehung zu ihr noch betont.

Man kann dabei den Eindruck gewinnen, als ob sich die drei Großen Konjunktionen, die sich normalerweise über 60 Jahre hinziehen und über den ganzen Tierkreis trigonal verteilen, auf *ein* Sternbild und *ein* Jahr zusammenziehen. Das im Sternenhexagramm verborgene Geheimnis der Dreiheit, das nur im *anschauenden Denken* erfaßt werden kann, wird in der verdreifachten Konjunktion offenbar, von der Sonne dazu aufgerufen. Es tritt wie eine ‹Sternenblüte› in Erscheinung, die sich dem Wandelgang der rhythmisch ‹fortsprießenden› Knoten der Großen Konjunktionen entringt.

Für ein äußeres, astronomisches Denken, das die Entstehung der dreifachen Konjunktion mathematisch erklären und räumlich verstehen kann, muß eine solche mehr künstlerisch-bildhafte Auffassung als «Unmöglichkeit» empfunden werden. Es kennt die Zeit nur als abstrakte

Linie, die sich aus der Vergangenheit in die Zukunft erstreckt und willkürlich unterteilen und messen läßt. Aber «man lernt schwer Verständnis finden für geistige Verläufe, die ja in allen physischen Verläufen darinnen sind, wenn man sich die Zeit nur so vorstellen kann.» Das räumliche Planetensystem hat auch eine ätherische Organisation und damit einen «Zeitenleib» mit rhythmischen Gestaltungsprinzipien. Schon für die allererste imaginative Betrachtung, welche den Ätherleib als Zeitenleib erfaßt, verwandelt sich die eigene Lebenszeit zum Raume in der relativen Gleichzeitigkeit des Lebenspanoramas.[29]

Rudolf Steiner gibt einen entscheidenden Hinweis für das hier aufgeworfene schwierige Problem des Zusammenschiebens der Zeit: «Die Zeit ist in der Realität nicht so», daß sie nur als Faden dargestellt werden darf, «sondern der ganze Faden, . . . der kann verwickelt zu einem Knäuel werden.» Rudolf Steiner schildert dann (am Leben einer Heiligen), wie ein karmisches Geschehen sich verkürzen kann, so daß sich ein «Prozeß, . . . der sich vielleicht in dem gewöhnlichen Verlauf der Evolution in 3000 Jahren vollzieht», in «*ein* Leben zusammenziehen, verknäueln» kann. Dabei werden Ursachen eines bestimmten Lebens, die in einem nächsten Leben zur Krankheit führen würden, die gesundenden Prozesse und die sonst daraus erfolgte Erhöhung bestimmter Fähigkeiten im dritten Leben, zusammengeschoben. «Krank werden im Stadium Nascendi» und eine «selbstwirkende Therapie greifen» unmittelbar ineinander und erheben die Seele zur hellseherischen Erfahrungsmöglichkeit. «In diesem Knäuel ist die ganze Zeitlinie drinnen, die 3000 Jahre sind in einem Knäuel. Die Zeit kann sich verknäueln; und wenn sie sich für irgendeine Evolution verknäuelt diese Zeit, dann kann der Knäuel eben in einem Menschen leben. Das ist das eigentliche Mysterium, daß Dinge, die sonst in dem Karma auseinanderrücken, zusammengeschoben werden.»[30]

Wir gehen sicher nicht fehl, zu diesem menschlichen Mysterium ein kosmisches Gegenbild im planetarisch-zeitlichen Geschehen zu suchen, zumal es sich um «geistige Verläufe» handelt, «die ja in allen physischen Verläufen darinnen sind». Ein Knäuel aus Garn ist ein vielfältig zusammengezogenes Schleifengebilde. Im Verweben der Planetenschleifen bei der dreifachen Konjunktion dürfen wir einen kosmologischen Aspekt dieses Rätsels des Zeitenlaufs erblicken.

Wir haben oben bildhaft von der dreifachen Konjunktion als einer

«Sternenblüte» gesprochen. In der Tat ergibt sich ein noch tieferes Verständnis derselben und des Problems «der Verknäuelung der Zeit», wenn wir auf die Pflanzenwelt blicken. Diese ist reiner Ausdruck ätherischen Wirkens und spiegelt mit ihrem Zeitenleib kosmisch-planetarische Rhythmen oder ist noch unmittelbar mit ihnen verbunden. Im Pflanzensproß halten sich physische und ätherische Kräfte weitgehend das Gleichgewicht. Blatt auf Blatt folgt im Regelmaß zeitlicher Schritte nacheinander, und die spiraligen Blattstellungen, z. B. die $^2/_5$-, $^3/_8$- usw. Stellung, sind im Sinne der Goldenen-Schnitt-Verhältnisse nach planetarischen Rhythmen geordnet.[31] In der Blütenknospe werden die verfeinerten Blattorgane auf einen Punkt zusammengezogen. Es kommt zu einem fast gleichzeitigen Sich-Bilden und Aufgehen der Dreiheit von Kelch-, Kron- und Staubblättern. Das Blütendiagramm des Botanikers zeigt in den kreisförmigen Figuren der Ansätze der Blütenorgane die metamorphosierten Zahlengesetze der Blattordnung des Stengels. Jeder kennt zum Beispiel die spiraligen, wirbelartigen Blütchen oder Samenanordnungen in dem «Korb» der Sonnenblume. Diese Spiraltendenzen entsprechen den Spiralen des Sprosses, der zum Blütenboden der Korbblütler zusammengestaucht ist.

Jede Pflanzenblüte ist ein verfeinerter, zusammengeschobener Sproß und als «Kunstwerk der Natur» Ausdruck einer höheren Welt. Denn es sind die astralischen Kräfte, welche das ätherisch betonte Sproßgeschehen zurückdrängen und sich bildhaft – die Blüte umspülend – abprägen. Erst in der zarten, sternartigen Gestalt, in Farbigkeit und im Duft der Blüte vermag jede Pflanzenart ihr innerstes Wesen sinnlich zu offenbaren. Zugleich aber ist jede Blüte ein Gruß der «Weltseele», von der Plato sprach. Sie darf als physisches Gegenbild der Gedanken und Gefühle hierarchischer Schöpferwesen empfunden werden. Diese zaubern über die Klänge der planetarischen Sphärenharmonie das kosmische Echo des Blütenteppichs in das grüne Gewand der Erde hinein.

Dieses angedeutete geisteswissenschaftlich erläuterte Verhältnis von Sproß und Blüte ist ein weiterer Schlüssel zum Verständnis der dreifachen Konjunktion und des Problems der «Verknäuelung der Zeit». In der räumlichen und zeitlichen Zusammenziehung des Trigons der Großen Konjunktionen zur dreifachen Konjunktion in einem Sternbild kommt eine ähnliche Gesetzmäßigkeit zum Ausdruck. Der Vergleich dieser Planetenkonstellation mit einer Blüte ist deshalb kein oberflächlicher, er hat tiefere Hintergründe. Ein Kräfteweben, das im zeitlichen, 20jährigen Nacheinander der Großen Konjunktionen noch relativ verborgen ist, sich aber im 60jährigen Sechsstern-Rhythmus schon ankündigt, tritt in der dreifachen Konjunktion auf höherer Ebene in Erscheinung. Diese besondere Konstellation ist offensichtlich Ausdruck des Hereinwirkens einer höheren Kräftewelt. Sie muß als deren besonderes Schriftzeichen gelesen und verstanden werden.

Auch bei der geschilderten Heiligen führte der karmische «Knäuel» zu einer Erhöhung ihres Menschseins. Sie wird aus der Masse der Menschen als Heilige herausgehoben. Der – zumindest teilweise – zum Geistselbst bereits erhöhte und geläuterte Astralleib des Heiligen nimmt ein Stück Menschheitszukunft voraus. Die Persönlichkeit wird so wegweisend für viele Menschen. Zugleich wird ein solcher Mensch ein Tor, durch das höhere Wesen in die Alltagswelt unseres Menschseins hereinzusprechen und hereinzuwirken vermögen.

Mit diesen Ausführungen wurde versucht, eine Brücke des Verständnisses zu bauen für die Art, wie die Heiligen Könige als Sternen-Weise das himmlische Phänomen der dreifachen Konjunktion betrachtet haben mochten. Ihre «Heiligkeit» beruhte auf ihrer Eingeweihten Stufe, die sie bewußtseinsmäßig viel unmittelbarer das tiefere Wesen und die Wirkung einer solchen Ausnahmekonstellation erfassen ließ, der wir uns mühsam von der reinen Sinnenseite her zu nähern versuchen. Ihre innere «Erhöhung» war der geistigen Höhe der «königlichen Gestirnung» angemessen. Sie war es offensichtlich auch, die sie geistig aus verschiedenen Erdgegenden zur gleichen Zeit zusammenführte, um in Gemeinsamkeit das gleiche Wegziel anzustreben.

VII

Die Schau der Sternen-Weisen

Der ‹Stern des Christus›

Es wurde auf die vorderasiatische Messias-Erwartung schon hingewiesen, die weit über das Judentum hinausreichte und ihren Ursprung vor allem in der weisheitsvollen Prophetie des Zarathustra hatte. Ferner wurde schon erwähnt, daß seine späteren Schüler «sehnsüchtig auf die nächste Inkarnation ihres großen Lehrers und Führers»[11] warteten. Die betreffenden Eingeweihten wußten aber auch, daß in diesem Zusammenhang die Menschwerdung des herannahenden Sonnengeistes bevorstand, die der Geburt des Zarathustra übergeordnet war. Es kann kein Zweifel darüber bestehen, daß im Hinblick auf diese außerordentlichen Ereignisse die eingeweihten Sternen-Weisen aus dem Umkreis der babylonischen, chaldäischen und assyrischen Sternenkulturen den Gang der Sterne sorgfältig verfolgten, um die entsprechenden zeitlichen Anhaltspunkte für das Eintreten des zu Erwartenden und das Erscheinen des großen Kommenden zu finden. Denn für ihr astrologisches Wissen über den innigen Zusammenhang von Makrokosmos und Mikrokosmos, von Sternengeschehen und irdisch-menschlichen Schicksalsabläufen, war es undenkbar, daß der Zeigerlauf der Weltensternenuhr diese bevorstehenden ‹Sternstunden der Menschheit› nicht ankündigen sollte.

Für solche Ankündigungen aus den Sternen kommen Sonne und Mond allein oder die untersonnigen Planeten Venus und Merkur mit ihren sehr rasch sich wiederholenden und verflüchtigenden Konstellationen kaum in Betracht. Da die transsaturnischen, erst in der Neuzeit entdeckten drei Planeten nicht bekannt waren und Mars ebenfalls eine relativ rasche Umlaufzeit hat, mußten vor allen Dingen die langsamen Wandelsterne Jupiter und Saturn beachtet werden. Dabei waren aber die alten Sternen-Weisen keineswegs nur auf ein unmittelbares Beobachten der Planeten angewiesen. Denn es gab zur damaligen Zeit bereits ein historisch nachgewiesenes Wissen um die periodische Wiederkehr von Himmelserscheinungen, das «zu den wichtigsten Erkenntnissen der alten Sternkunde» gehörte. «Neben Sonnen- und Mondrhythmen waren von den Planetenperioden den Spätbabyloniern nachweislich schon bekannt die 8jährige Venus-, die 79jährige Mars-, die 83jährige Jupiter- und die 59jährige Saturn-Periode.»[31a] Es sind dies alles Rhythmen, in denen die gleiche Phase der synodischen Periode in ihrem Verhältnis zum jährlichen Sonnengang wiederkehrt. Eine ähnliche oder fast gleiche Konstellation, zum Beispiel das Aufleuchten im strahlendsten Glanz in der Schleifenbildung in Opposition zur Sonne, wiederholt sich im gleichen Sternbild und im gleichen Monat.

Die 20jährige Wiederkehr der Großen Konjunktion und ihre trigonale Position in Sternbildern gleicher elementarer Qualität – und wahrscheinlich auch die Fortbewegung des Trigons – waren ebenfalls bekannt. Wir möchten deshalb annehmen, daß auch der hexagrammatische, harmonische Zusammenklang mit den wichtigen Saturn-Jupiter-Oppositionen längst beobachtet worden war. Denn die alte Sternenweisheit hatte einen ausgesprochen rhythmologischen Charakter, der zugleich für die Einteilung der Zeit und die Ausgestaltung des Kalenderwesens bei allen vorchristlichen Völkern von größter Bedeutung war.

Es ist hier der Punkt erreicht, wo bedacht werden muß, daß das alte Bewußtsein, wie ebenfalls bereits erwähnt, noch eine andere Struktur hatte und die äußere Beobachtung mit imaginativer Bildhaftigkeit durchwoben oder gar von inspirativen Elementen durchklungen war. Dies war umsomehr der Fall, wenn es sich um in den Mysterien geschulte Beobachter oder Eingeweihte selbst handelte. Für ihre Weisheit war jede einzelne Sternenkonstellation zugleich Teilgebilde eines großen rhythmologischen Zusammenhangs, der «durch eine zu erlernende Schrift gelesen werden muß». Man «beobachtete, welche Veränderungen in ihrer Stellung die Planeten in ihrem Verhältnis zu den Zeichen des Tierkreises erfuhren. Die Bewegungskurven nahm man hin und, wie wir die Buchstaben lesen, so nahm man die Kurven und Zeichen hin, die sich ergeben aus den Stellungen, und dadurch hat man das Gefühl, man liest im Kosmos. Damit habe ich Ihnen nur charakterisiert, wie die Weisheit beschaffen war in bezug auf den Menschen, von der die Weisen aus dem Morgenlande ausgegangen sind, als sie den Christus suchten.»[32]

Dieses Lesen der Sternenschrift setzt imaginative Fähigkeiten voraus. Für das heutige äußere Beobachten von Saturn und Jupiter und das mathematisch-geometrisierende Denken, das ihren Rhythmus von 60 Jahren ganzheitlich zu überblicken versucht, ergibt sich ein relativ abstraktes Sternendiagramm, bestehend aus Punkten und Linien. Bei einem solchen «Rechnen kommt man immer weiter und weiter heraus allerdings, aber man kommt von dem eigentlichen Weltenwesen immer mehr ab.» Diese Gefahr ist besonders dann gegeben, wenn das Phänomen nicht zur Lehre wird und die sich zunächst nur geometrisch darstellende Abstraktion nicht lebendig von der anschauenden Urteilskraft ergriffen und weiterentwickelt wird. Für das «verstehende Hellsehen» der Sternen-Weisen bestand diese Gefahr nicht. Sie kamen – eine Aufgabe, die uns neu gestellt ist – «vom gewöhnlichen, groben Berechnen zum rhythmischen Berechnen, wie es für die Sphärenharmonie war die Astrologie», und kamen «vom rhythmischen Berechnen zum Anschauen der Weltenorganisation in Figuren, Zahlen, die da sind in der Astrosophie».[33]

Eine solche Figur stellt der von uns dargestellte ‹Stern höherer Ordnung› dar. Er verwandelte sich für eine solche Weisheit unmittelbar in ein farbiges, imaginatives Sternengebilde im Äther-Zeitenmeer des Kosmos. Jede besondere, äußerlich vorübergehende konstellative Verbindung von Saturn und Jupiter gab die Anregung zur inneren Schau dieses ‹Sterns›. Das Wellenwerfen der Konstellationsrhythmen im Sphärenmeer der Planeten stand als kosmisches Panorama vor ihrem inneren Auge.

Die Verdreifachung der Großen Konjunktion im Jahre 7 vor Christus aber ließ dieses Sternengebilde in einer zuvor nie erlebten Art aufstrahlen. Das einzigartige Zusammentreffen der «Bewegungskurven» in Gestalt des Sich-Verwebens der Planetenschleifen von Saturn und Jupiter im strahlendsten Glanze forderte die Magier unmittelbar zum Lesen der besonderen Zeichensprache des Himmels auf. Denn es kam, wie wir ausgeführt haben, durch eine Art Steigerung und Zusammenziehung des Hexagramms ein höherer Impuls zur Offenbarung. Die Magier selbst mußten sich innerlich eine Stufe höher, bis zur Inspiration erheben, um den tieferen Sinn des symphonischen Dreiklangs der Sphärenharmonie verstehend zu vernehmen. Nur so vermochten sie zu deren Wesenhaftem vorzustoßen, das sich aus dem Weltenwort heraus in der Sternensprache zukunftsweisend aussprechen wollte.

Die Magier waren durchdrungen von der Erwartung ihres Meisters; denn sie wußten um sein Rätselwort «Er und ich sind eins» im Zusammenhang mit dem herniedersteigenden Sonnengeist, dem Ahura Mazdao, und lebten in solchen inspirativen Vorstellungen, wie sie in den Sätzen des Ägypter-Evangeliums tradiert sind: «Daß das Heil erscheinen wird in der Welt, wenn die Zwei Eines und das Äußere wie das Innere werden wird.» Ja, sie wußten um das Geheimnis der jungfräulichen Geburt und durch ihre Zusammenschau der Sternbilder der Zwillinge mit dem der Jungfrau sogar um das Geheimnis der beiden Jesusknaben, worauf im nächsten Kapitel eingegangen werden wird.

Nun wurden am Himmel die zwei großen Wandler in betonter dreifacher Wiederholung ihrer Großen Konjunktion *eins* – und dies im Zusammenhang mit dem Eintreten der Sonne in den Sechserstern. Sie rief selbst im Sternbild Jungfrau stehend, die in das gegenüberliegende Sternbild Fische eingetretenen Planeten zu ihrer dreifachen Begegnung auf.

Man kann annehmen, daß durch diese Konstellation die Geistesschau der Magier ausgelöst wurde. Vor ihrer Imagination strahlte das sechsgliedrige Konstellationsgefüge auf, um im Zusammenklang mit der dreifachen Konjunktion ein Höheres zu offenbaren. Aus dem Hintergrund des durchsichtig werdenden Sternen-Bildgeschehens trat ihrem inspirativen Bewußtsein Zoroaster, der ersehnte Meister, als Geistesstern entgegen. Er sprach von seiner eigenen bevorstehenden Wiederkehr und wies in die Gegenrichtung, aus der sich im Glanze der mitternächtigen Sonne Ahura Mazdao selbst offenbarte. Aus der zentralen Begegnung mit dem Sonnengeist hatte Zarathustra einst die persische Religion gegründet und bereits dessen Menschwerdung vorausgesehen. Jetzt konnte er seine Schüler belehren, daß seine eigene erneute Inkarnation unmittelbar bevorsteht und der Sonnengeist schon in Annäherung zur Erde begriffen ist. Die gewaltige Aufgabe sei aber nur zu erfüllen durch die Vereinigung «der Zwei», auf welche die Zeichensprache des Himmels hinweist.

So erfassen die Sternen-Weisen intuitiv, von der «Astrosophia» erhellt, den tiefen Sinn des obwaltenden Konstellationsgeschehens. Sie erfahren, daß es die Sternenkräfte und die Sternenrhythmik enthält, die sich im irdisch-menschlichen Abbild, im Erdenweg des Jesus Christus selbst, bald verwirklichen wird im innigen Zusammenhang mit dem sich in Kürze wieder inkarnierenden Meister.

So mochten die Weisen inspiriert worden sein von dem ‹Stern höherer Ordnung›, und waren zu einer höchsten Stufe ihrer «Sternenerkenntnisse» emporgestiegen. Das ihnen längst bekannte trigonale Sterngefüge der Großen Konjunktion hatte sich in der Steigerung zur dreifachen Konjunktion vor ihrem inneren Auge zum ‹Christus-Stern› verwandelt. Sie wußten nunmehr, daß die Zeitenwende unmittelbar bevorstand, und konnten den Gang von Saturn und Jupiter weiter verfolgen sowie den Zeitpunkt der Geburt ihres Meisters «schauend berechnen». Sie hatten aber auch die Gewißheit, daß dieser sich ihnen zur rechten Zeit wieder als führender Geistesstern zeigen werde, um sie zur Stätte seiner Geburt zu leiten. Nun konnten sie sich in Ruhe auf ihre Reise vorbereiten.

Mit diesen Darlegungen ist der scheinbare Widerspruch zwischen einer nur inneren, geistigen und einer äußeren, astronomischen Auffassung von Stern der Weisen, der uns eingangs so stark beschäftigte, aufgelöst worden. Die Brücke zur harmonischen Verbindung beider Gesichtspunkte bildet einerseits die übersinnliche Schau der Magier und andererseits die Geistigkeit der Sphärenwelt, welche den äußeren Himmelskörpern zugrunde liegt. Bei einer geistgemäßen Betrachtung der Sonne wird dieses Geheimnis unmittelbar offenbar. Ihr äußeres Strahlenkleid ist Hülle und ihr Körper Wohnstätte der kosmischen Geistwesenheit, die von sich sagen konnte «Ich bin das (innere!) Licht der Welt». Von ihrem Wesenszentrum geht die Ordnung der Planetenrhythmen ebenso aus, wie die Ordnung der beiden Generationsströme auf Erden, durch welche die einzigartige menschliche Hülle des Sonnengeistes vorbereitet wurde.

Die weiteren Ausführungen werden zeigen, daß auch zwischen den beiden Jesusknaben und der Geistigkeit der beiden großen Wandelsterne Saturn und Jupiter ein wesenhafter, innerer Zusammenhang besteht. Nur ein solcher läßt in Verbindung mit der Sonne das Konstellationsgewebe der dreifachen Konjunktion urbildhaft zum kosmischen Schlüssel werden, der die komplexen Ereignisse des göttlich-menschlichen Geschehens auf Erden tiefer zu erschließen vermag.

VIII

Die Bedeutung der Sternbilder
Das Geheimnis der Quadraturstellung Zwillinge-Jungfrau

Das angedeutete inspirative Erfassen der besonderen Bedeutung der dreifachen Konjunktion im Jahre 7 vor Christus war den Magiern nur möglich bei gleichzeitiger Berücksichtigung der Sternbilder, in denen das Geschehen stattfand. Erst diese Beziehung zum Tierkreis gibt der Planetenbegegnung den Charakter einer sinnvollen kosmischen Schrift. Auch im Bereich irdischer Musik sind Noten und Notengruppen nur lesbar auf dem Hintergrund eines dazu gehörenden Liniensystems.

Am Himmel wiederholt sich die gleiche Konstellation – rein planetarisch gesehen – in den Jahrtausenden in den allerverschiedensten Sternbildern. So fand zum Beispiel die vorangegangene Verdreifachung des großen Konjunktionsgeschehens im Jahre 146 v. Chr. im Sternbild Krebs und die erste nach der Zeitenwende im Jahre 35 im Sternbild Löwe statt.

Rudolf Steiner betont, wie schon angeführt, daß «man ausging von den feststehenden 12 Zeichen des Tierkreises und beobachtete, welche Veränderungen in ihrer Stellung die Planeten erfuhren in ihrem Verhältnis zu diesen Zeichen des Tierkreises». Welche Konstellation sich auch immer abspielen mag, sie gewinnt erst durch ihre Beziehung zu den Tierkreisbildern, als den Grundbausteinen des Fixsterngewölbes, das von den Alten als ‹Kristallhimmel› erlebt wurde, ihre Bedeutung und besondere Abwandlung für die Einwirkung auf das irdische Geschehen. Dies gilt auch für das individuelle Horoskop. «Wenn die Sonne, der Saturn oder der Merkur so stehen, daß man sie von der Erde aus im Zeichen des Widders sieht, so wirken sie anders, als wenn sie so stehen, daß man sie im Zeichen des Löwen sieht. Es ist also die Wirkung, die aus dem Kosmos, zum Beispiel von den einzelnen Planeten zu uns kommt, verschieden, je nachdem die einzelnen Planeten das eine oder andere Tierkreisbild bedecken.»[34]

In dem Weihnachtsvortrag vom 23. Dezember 1920 weist Rudolf Steiner auf eine ganz besondere Art hin, wie in den Mysterien gewisse

Geheimnisse der Sternbilder selbst erfaßt wurden. Wegen der Bedeutung und Schwierigkeit dieser Stelle, sei sie hier im Wortlaut wiedergegeben: «Es gibt eine alte Art, die Himmelssphäre darzustellen; sie war schon den persischen Magiern eigen. Sie sahen hinauf zum Himmel, sahen im Tierkreis physisch jenes Sternbild, das man die Jungfrau nennt, und sie haben geistig in dieses Sternbild hineingesehen dasjenige, was physisch nur im Sternbilde der Zwillinge zu bemerken ist. Sie hat sich erhalten, diese Weisheit, die so im Menschen lebt, daß der Mensch den Zusammenklang vernehmen kann, bemerken kann zwischen dem Sternbilde der Jungfrau und dem im rechten Winkel dazu, im Quadranten stehenden Sternbilde, jenem der Zwillinge. So wurde es dargestellt, daß an der Stelle des Sternbildes der Jungfrau die Jungfrau mit dem Ährenzweige, aber auch mit dem Kinde dargestellt wurde, das nur der Repräsentant der Zwillinge ist, der Repäsentant der Jesusknaben. Insbesondere war dies eine astrologische Anschauung in der Perser-Zeit (s. Fig. 8, I).

Es kam die andere Zeit, die Zeit der ägyptisch-chaldäischen Entwickelung. Da schaute man ebenso hin zu dem Sternbilde des Löwen, wie man hinschaut in der Perser-Zeit zu dem Sternbilde der Jungfrau. Aber jetzt war im Quadranten dem Löwen zugeteilt der Stier, und es entstand die Mithras-Religion, die Stier-Verehrung, indem man hineinschaute in das Sternbild des Löwen das Sternbild des Stieres (s. Fig. 8, II).[18] Ähnliches wird dann über das Verhältnis des Sternbildes Widder zu dem des Krebses ausgeführt.

Die drei Zeichnungen sollen diese sehr rätselhaften Angaben verdeutlichen. Aus ihnen geht hervor, daß die Inspirationsquelle für jedes der drei Zeitalter, aus der gewisse Impulse in das im Quadrat stehende Sternbild «hineingeschaut» wurden, jeweils das Sternbild ist, das vom

Figur 8

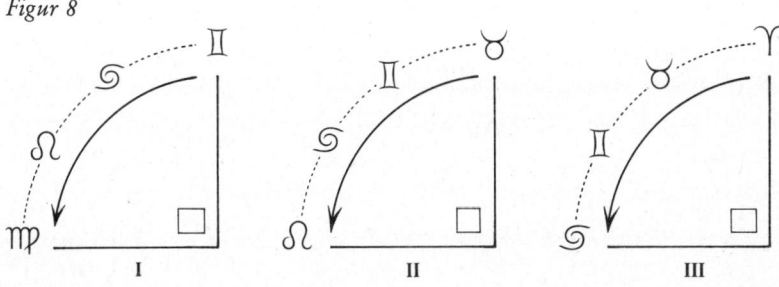

I II III

Frühlingspunkt durchwandert wird. Dieser stand ja in der urpersischen Zeit in den Zwillingen. Daraus ergibt sich, daß der Höchststand der Sonne, also das sommerliche Solstitium (Sonnenstillstand), in dem betreffenden Zeitalter jeweils in das im Quadrat stehende Sternbild fiel und den jährlichen Sommerbeginn markierte. Dieser astronomische Tatbestand mag als ein Erklärungshinweis aufgefaßt werden, da zunächst nicht zu verstehen ist, warum nicht ein anderes Sternbild, etwa ein im Trigon stehendes oder das gegenüberliegende, die gleiche Rolle spielen konnte.

Für den Fortgang der vorliegenden Betrachtung ist es aber von der größten Bedeutung zu wissen, daß der Blick der «persischen Magier» durch uralte Tradition in einer besonderen Weise auf das Sternbild Jungfrau gelenkt worden war und sie in Verbindung mit dem Sternbild Zwillinge inspirativ wußten um seine irdisch-menschliche Repräsentanz in Gestalt der beiden Jesusknaben.

Dieses Wissen war offenbar eine wesentliche Voraussetzung dafür, daß sie die dreifache Konjunktion der Zeitenwende tiefer verstehen konnten. Denn jener Konstellation im Sternbild Fische stand ja, sie auslösend, in der entscheidenden Diagonale des Sternenhexagramms die Herbst-Sonne im Sternbild der Jungfrau gegenüber.

Auf das zutiefst mit dem Christus-Wirken verbundene Kräfteweben zwischen diesen beiden Sternbildern, in denen sich in unserer Weltenzeit die Ostersonne und der Ostervollmond einfinden, werden wir bei der Betrachtung der jüngst verflossenen dreifachen Großen Konjunktion des Jahres 1981 zurückkommen. Auch kann offen gelassen werden, ob die schon früher erwähnte Gleichsetzung des Sternbildes der Fische mit dem Westland Amurru ein wesentlicher Hinweis für die Magier gewesen sein mag.

Sehr bedeutsam erscheint jedoch folgendes: Jeder Großen Konjunktion von Saturn und Jupiter folgt als nächste wichtige Konstellation – astrologisch gesehen – eine Quadratur beider Wandelsterne. Sie haben sich dann 90° voneinander entfernt.

Die zur Großen Konjunktion im Jahre 7 gehörende Quadratur fand im Jahre 1 v. Chr., also im Geburtsjahr der beiden Jesusknaben und – räumlich gesehen – in den Sternbildern Zwillinge und Jungfrau statt. Bereits in der zweiten Hälfte des Jahres 2 v. Chr. waren der langsame Saturn in das Sternbild Zwillinge und der voraneilende Jupiter in das in

Quadratur dazu stehende Sternbild Jungfrau eingetreten. Wann aber trat die jetzt zu erwartende, exakte Quadratur beider Planeten ein? Die genaue Beobachtung ihres Sternenlaufs führt zu einer überraschenden Feststellung[35]: Die Quadratur wiederholte sich dreimal! Die erste Quadraturstellung fand bereits Mitte Oktober im Jahre 2 v. Chr. (bei rückläufigem Saturn) statt. Die zweite ereignete sich Anfang April (bei rückläufigem Jupiter) und die dritte in der zweiten Augusthälfte des Jahres 1 v. Chr. (in Rechtläufigkeit beider Planeten). Die Geburt des salomonischen Jesusknaben und der Kindermord von Bethlehem (siehe S. 19) fielen also mitten in die Zeit zweier Quadraturen von Saturn und Jupiter!

Ohne den entscheidenden Hinweis Rudolf Steiners auf das angeführte Quadraturmysterium der beiden Sternbilder Zwillinge und Jungfrau in ihrem besonderen Zusammenhang mit der urpersischen Zeit, würde man eine solche Konstellation wohl als belanglos angesehen oder gar nicht beachtet haben.

Die beiden Großplaneten, deren dreifache Konjunktion bereits im Jahre 7 die Aufmerksamkeit auf sich gezogen hatte, markieren also gerade im Jahre der Jesusgeburt diejenigen zwei Sternbilder, deren Geheimnis den Sternenweisen durch die Überlieferung bekannt war. Auch war der Stand ihrer astronomischen Berechnungstechnik sicher so weit, daß sie schon im Jahre 7 v. Chr. Ort und Zeitpunkt dieser Quadraturstellung vorausberechnen konnten. Hinzu kommt die astronomische Tatsache, daß erstmals seit 25 000 Jahren die äußerlich sichtbaren *Sternbilder* und die dem Jahreszeitenorganismus der Erde eingeprägten *Tierkreiszeichen* zusammenfielen, was zur Zeitenwende natürlich auch für Bild und Zeichen von Zwillinge und Jungfrau galt. Dieses Zusammenstimmen, das erst nach Ablauf eines platonischen Weltenjahres wiederum eintreten kann, betont ebenfalls die Bedeutung der dreifachen Konjunktion und des Quadraturgefüges von Zwillinge und Jungfrau.

Die angeführte planetarische Quadratur ragt durch ihre Verdreifachung – ebenso wie die dreifache Große Konjunktion – aus dem normalen Gang der sich alle 20 Jahre wiederholenden Konstellationsrhythmik von Saturn und Jupiter heraus. Da sich aber bei den Sternenweisen mit dem Berechnen einer solchen Konstellation die innere Kraft des Schauens verband, dürfte diese Gestirnung ein wichtiger Faktor für das «schauende Vorausberechnen» der Geburtszeit der beiden Jesusknaben, vor allem aber des salomonischen Jesus gewesen sein. Denn in ihm sollte sich ja der erwartete Meister, der wiederkehrende Zarathustra inkarnieren. Mit seiner königlichen Strömung waren sie besonders verbunden. Hatte er doch seine Schüler einst gelehrt, aus dem Wesen des Sternbildes der Zwillinge, der kosmischen Zweiheit, die Notwendigkeit der Entstehung *zweier* menschlicher Gefäße, der beiden Jesusknaben im Spiegel des Sternbildes der Jungfrau zu erkennen. Jetzt zeigte der Himmel durch die besondere planetarische Besetzung der Quadratursternbilder die unmittelbar bevorstehende Erfüllung der geheimnisvollen Prophetie an.

Nach der dritten Quadratur von Saturn und Jupiter im Sommer des Jahres 1 v. Chr. löste sich diese – von der Flucht der salomonischen Familie nach Ägypten und dem Kindermord von Bethlehem überschattete – Konstellation rasch auf. Die Geburt des Jesus aus der nathanischen Linie in der Weihnachtszeit des Jahres 1 v. Chr. fiel in die Zeit des harmonischen, trigonalen Zusammenklangs beider Planeten, die sich allerdings immer noch in den gleichen Sternbildern aufhielten. Diese Trigonstellung in 120° gegenseitiger Entfernung war im Januar des ersten Jahres nach der Zeitenwende selbst exakt, zog sich aber vorher und nachher über viele Wochen hin.

An dieser Stelle unserer Betrachtung sei auf eine Untersuchung amerikanischer Astronomen hingewiesen, die unter dem Titel «Streit um den Stern von Bethlehem» in verschiedenen Blättern veröffentlicht wurde. Im Hinblick auf die Diskrepanz zwischen dem Jahre 7 v. Chr. und der wirklichen Geburtszeit Jesu forschte man nach anderen bedeutsamen Konstellationen, die als die «königliche Gestirnung» für die Drei Heiligen Könige in Betracht gekommen sein könnten. Auch der schon erwähnte Uwe Lemmer hat in dieser Hinsicht Untersuchungen angestellt, wovon Suso Vetter berichtet.

Danach zog der «Königsstern» Jupiter, der zugleich als der Stern des höchsten Gottes Marduk angesehen wurde, in den Jahren 3 und 2 v. Chr. seine Schleife im Sternbild des Löwen um dessen Hauptstern erster Größe, den Regulus. Es kam dabei zu einer dreifachen Konjunktion mit diesem Fixstern, die deshalb als bedeutsam angesehen werden muß, weil dieser Stern als einer der vier persischen Königssterne galt.

Die mittlere Konjunktion fiel auf den 17. Februar des Jahres 2 v. Chr. Jupiter stand dabei in den Wochen seines strahlendsten Glanzes mit Regulus zusammen durch die ganze Nacht am Winterhimmel; es bot sich also zweifellos ein unübersehbares Sternenschauspiel dar. Die Autoren weisen darauf hin, daß das Sternbild Löwe in den Augen der Babylonier dem jüdischen Volk als «Löwe von Juda» zugeordnet wurde.

Der «Löwe» gilt in der Astrologie als das «Haus der Sonne», so, wie z. B. der Krebs als Haus des Mondes. Geisteswissenschaftlich gesehen haben wir es mit der kosmischen Region der Herzbildekräfte zu tun, so daß dieser Bezug zur Sonne als dem «Weltenherz» bestätigt wird. – Zarathustra war vor allen Dingen in der Weisheitssphäre Jupiters geistig beheimatet; er hatte die Aufgabe, durch seine Verbindung mit der Leiblichkeit Jesu die Menschwerdung des Sonnengeistes und dessen Vereinigung mit diesem Leibesgefäß vorzubereiten. Bedenkt man dies, so mag man ahnen, was sich der Inspiration der Sternenweisen im Aufblick zur erwähnten Regulus-Konstellation ergeben haben mochte. Trat ihnen erneut ihr Meister bei seinem Abstieg durch die Planetensphären als innerer Leitstern entgegen, um ihrem Geistgehör seine Weisungen zu erteilen?

Bald nach der Begegnung Jupiters mit Regulus holt ihn Venus als Abendstern ein «und zieht am 17. Juni 2 v. Chr. so dicht südlich am Jupiter vorüber, daß die beiden wie ein strahlendes Gestirn am westlichen Abendhimmel geleuchtet haben können». Dabei umwebt Venus den Jupiter mit ihrer Schleife, die sie vor der Sonne ausbildet. Es kommt zu einer erneuten dreifachen planetarischen Konjunktion. Es «strömt herein der ‹Venus Liebe tragende Schönheit›, die wie ein Abglanz des Welten-Liebes-Zieles ist. Dreifach leuchtet sie mit Jupiter auf: im Westen, im Osten und dazwischen in der Himmelsmitte – beide umgeben das Tagesgestirn. Aufgenommen sind in den Lichtglanz der Sonnenkräfte ‹Jupiters erstrahlende Weisheit› und der ‹Venus Liebe tragende Schönheit› in der kosmischen Herzregion. Alle drei dreifachen Konjunktionen waren für die chaldäischen Sternenweisen gewiß wie ein Aufruf zu erhöhter Wachsamkeit auf die bevorstehende Geburt des Erwarteten.»[8]

Die Entdeckung all dieser bedeutsamen Zeichen der Sternenschrift unmittelbar vor der Zeitenwende verdanken wir letzten Endes Johannes Kepler. War doch seine Auffassung vom Stern von Bethlehem im

Zusammenhang mit der Großen Konjunktion der Anlaß, gelegentlich der dreifachen Konjunktion von Saturn und Jupiter im Jahre 1981 gezielt und mit neuer Fragestellung die Konstellationen des Jahrsiebtes vor der Zeitenwende genauer zu untersuchen.

IX

Sternenrhythmen im Leben Jesu Christi

Die Schlüsselfunktion der dreifachen Konjunktion

In den Evangelien werden, was den Lebenslauf Jesu anlangt, außer dem Hinweis auf die Geburt in äußerst spärlicher Weise nur noch drei Daten angeführt. Sie betreffen den Eintritt des 12jährigen Jesus in den Tempel, die Taufe im Jordan im 30. Lebensjahr und den Tod am Kreuz zur Passah-Festeszeit im 33. Jahr. Aber auch bei diesen drei Ereignissen erfahren wir – von der Karwoche abgesehen – außer dem Alter keine genaueren, etwa gar das Monats- und Tagesdatum betreffenden Einzelheiten.

Sind diese wenigen Daten zufälliger Natur oder liegt ihnen eine tiefere Gesetzmäßigkeit zugrunde? Weisen sie etwa auf tiefe Einschnitte und Entwicklungsphasen im Leben Jesu Christi hin? Hätte Jesus, so könnte ein Historiker nüchtern fragen, bei der Einführung und Verbreitung der neuen Religionsform nicht viel mehr erreichen können, wenn er schon mit 21 Jahren zur Taufe gegangen wäre und wenigstens 10 oder gar 20 Jahre hätte wirken können? Was wäre geschehen, wenn anstelle von Paulus Christus selbst in Athen oder Rom öffentlich aufgetreten wäre? Ist die Zeitspanne von 2 Jahren und wenigen Monaten, die zur Verankerung der christlichen Lehren im kleinen Umkreis von Palästina zur Verfügung stand, nicht ein viel zu kurzer Zeitraum?

Diese Fragen sollen hier mit dem Blick auf die dreifache Große Konjunktion von Saturn und Jupiter betrachtet werden. Wir haben diese Konstellation als eine Art Zusammenschiebung des Trigons der Großen Konjunktionen im Sinne einer «Verknäuelung der Zeit» angesehen. Wickeln wir den Knäuel auseinander und blicken auf den übersichtlich gewordenen «roten Faden» hin, so leuchten deutlich die vier Grundrhythmen der beteiligten Gestirne in der Grundstruktur des Lebens Jesu auf.

Neben dem Jahresgang der Sonne, durch den seit Urzeiten der Mensch sein Alter bestimmt, sind es der 12jährige siderische Umlauf des Jupiter und der 30jährige des Saturn durch den Tierkreis. Hinzu kommt

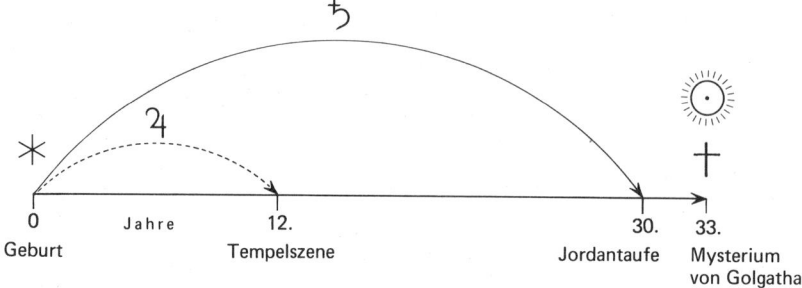

Figur 9: Die im Neuen Testament angegebene Gliederung des Lebens Jesu Christi unter kosmologisch-planetarischen Gesichtspunkten.

der von den meisten Astronomen wenig berücksichtigte 33jährige übergeordnete Rhythmus der Sonne, über den wenig gewußt wird und der daher auch in der Öffentlichkeit unbekannt ist. Auf diese Rhythmen soll im folgenden näher eingegangen werden.

Tempelszene und Jupiter-Transit

Gemessen an dem scheinbaren Sonnenlauf, tritt der zwölfmal langsamere Jupiter erst nach 12 Jahren wieder in das gleiche Sternbild ein, in dem er jeweils bei der Geburt eines Menschen gestanden hat. Eltern und Kinder könnten also beim 12. Geburtstag erstmals im Hinblick auf den Stand des Jupiter ihn am gleichen Ort am Himmel sehen, den er bei der Geburt eingenommen hatte. Es kommt im 12. Jahr zu einem ersten Transit (Übergang) Jupiters über seinen Standort im Geburtsaugenblick, d. h. im Geburtshoroskop; dieser besondere Tag fällt jedoch nicht unmittelbar mit dem Geburtstag zusammen, da die Umlaufzeit Jupiters kürzer als 12 Jahre ist und durch die Schleifenbildung variiert wird. Und doch kann der Mensch, wenn er ein Jahrzwölft – oder ein Vielfaches davon – alt wird, eigentlich einen «Jupiter-Geburtstag» feiern. In uralten Zeiten, in denen das Gefühl für die Zusammengehörigkeit mit den Sternen, mit ihrer Qualität und ihren Rhythmen noch lebendig war, wurden solche Perioden stärker beachtet und über die Einteilung der Zeit und das Kalenderwesen sozial wirksam. «Zum Beispiel diente in ganz Ostasien, in Indien, Tibet, China und Japan seit alters der 12jährige Jupiterzyklus zur chronologischen Bezeichnung von Zwölferrunden von Jahren. Noch heute erfolgt danach in China und Japan die Jahreszählung und Benennung.»[31a]

Die Tempelszene des 12jährigen Jesus ereignete sich also – im Sinne unserer Auffassung – im Zeichen des Jupiter-Transits. Falls sie im Jahre 12 n. Chr. stattfand, stand der nathanische Jesus in seinem 12. Lebensjahr. Er war zur Zeit des Passah-Festes, an dem diese erste Einführung der jungen Menschen in den Tempel üblich war, 11 Jahre und einige Monate alt. Jupiter war zu dieser Zeit wiederum in das Sternbild Jungfrau, wo er sich bei der Geburt befand, eingetreten.

Die geisteswissenschaftliche Forschung hat das Geheimnis der Tempelszene, von dem man in der Überlieferung im esoterischen Christentum im Hinblick auf das Vorhandensein zweier Jesusknaben wußte, gelüftet. Es begegneten sich im Tempel – in einem welthistorischen Augenblick – der nathanische und der fast ein Jahr ältere salomonische Jesusknabe. In letzterem verbarg sich in Gestalt des wiederverkörperten Zarathustra eine höchst entwickelte Entelechie. Diese hatte in vielen Erdenleben Erfahrungen gesammelt, mit dem Luziferisch- und Ahrimanisch-Bösen gerungen und hohe Einweihungsstufen durchschritten. Sie hatte die Ich-Entwicklung der Menschheit gleichsam vorausgenommen und war in der Jupitersphäre zur höchsten Weisheit und geistigen Führerschaft herangereift. Dadurch hatte sie die Beziehung zu der königlichen Generationenfolge, die von dem einen Sohn Davids, vom weisen König Salomo ausging.

Ganz anders geartet war der lukanische Jesusknabe, der aus dem Geschlecht der priesterlichen Linie hervorging, die auf Nathan, den andern Sohn Davids, zurückgeht. In ihm war erstmals ein Seelenwesen verkörpert, das in geheimnisvoller Weise von der Weltenlenkung schon in der lemurischen Zeit vom Werdegang der Menschheit in die vielen irdischen Verkörperungen hinein zurückgehalten worden war. Deshalb war es auch nur mit dem Keim einer Ich-Anlage versehen, einem «provisorischen Ich», wie es Rudolf Steiner nennt. Der Sinn dieses Eingreifens der göttlichen Führung war die Bewahrung einer Menschenseele vor den Folgen des durch Luzifer bewirkten Sündenfalls, durch den sich der Mensch mit den Kräften der Egoität, der ungeläuterten Selbstsucht, durchsetzte und in seinem Urwesen verdunkelte. Dies führte zwar zu einer vorzeitigen Impulsierung der Ich-Entwicklung, aber auch zu einer verstärkten Bindung des Menschen an die Erde, was sich in der «Erbsünde» und ihren Folgen ausdrückt. Die Bewahrung davor sollte die Jesus-Seele zu einer einzigartigen Zukunftaufgabe befähigen.

In dem lukanischen Jesusknaben war deshalb eine vollkommen reine, von allen luziferischen und ahrimanischen Einflüssen freigebliebene Seelenhaftigkeit, die «Anima candida» verkörpert. In ihr wurde die «Unschuldszeit», die jeder Mensch als Kind durchmacht, gleichsam erhoben zum «Urkindsein» der Menschheit. Dieser Seelenkeim konnte nur durch das Mysterium einer jungfräulichen Geburt in die Leibeshüllen unversehrt hineingeleitet werden. Wir haben es mit einer Seele, erfüllt von höchster Weltoffenheit, Hingabefähigkeit und Herzinnigkeit zu tun, einem Kind, das man – mit heutigem Maßstab beurteilt – im Hinblick auf seine absolut unintellektuelle Natur als zurückgeblieben oder gar unterentwickelt ansehen würde. Sein Wesen war geprägt und durchsonnt von den unverdorbenen Kräften eines reinen Herzens. Im Gegensatz zur Weisheit des Hauptes, das eine Frucht der kosmischen, vorgeburtlichen Vergangenheit ist, weist das Herz als Organ des werdenden Karmas keimkräftig in die Zukunft. Die lauteren Herzkräfte des lukanischen Kindes bildeten die Verwandtschaft mit der Naturverbundenheit und Frömmigkeit der Hirten auf dem Felde. War es doch die hellhörende Offenheit ihrer Herzen, welche ihnen ermöglichte, in der Ur-Weihnacht die Stimme aus den Höhen zu vernehmen, die sie zur Stätte der Geburt und zur Anbetung der verkörperten «Anima candida» führte.

Warum aber dürfen wir diese Wesenheit des nathanischen Jesusknaben in eine besondere Beziehung setzen zu den Kräften der Saturnsphäre und zu ihrer «weltenalten Geist-Innigkeit»?

Saturn gilt in der üblichen Astrologie als der «große Unglücksbringer» im Lebensschicksal, besonders bei ungünstigen Konstellationen im Geburtshoroskop. Er «bewirkt» oder «zeigt an» eine Verlangsamung aller äußeren Entwicklung, bringt Hindernisse, chronische Erkrankungen und Leidenszustände und führt zur Vereinsamung oder Isolierung. Unter dieser negativen äußeren Seite aber verbirgt sich sein Aufruf, in den schweren Prüfungen des Lebens Ausdauer, Ernst und Tiefe zu entwickeln. Er führt so zur Vergeistigung und inneren Reife. Ihm zugeordnet wird die Anlage zur Verinnerlichung durch Gebet, geistige

Übung, bewußten Verzicht und Meditation. Er ist der Herr der nach innen führenden, involutorischen Kräfte, welche neue und höhere Evolutionsphasen vorbereiten. Wer ihm folgt, kann auf höchster Stufe Opferbereitschaft bis zur «Selbstaufgabe», ja bis zum Tode entwickeln.

Auf der organischen Ebene führen die Abbau- und Todesprozesse saturnischer Art das Leben zur Erstarrung in der Knochenbildung; aber gerade im Menschen wird das Skelett zum «Bild der Ich-Organisation» und zeigt an, daß der lebendige Geist bis in die letzte Durchgestaltung der Leiblichkeit sich zum Ausdruck bringt.

Im Bilde der pflanzlichen Natur stellen sich diese Kräfte am deutlichsten dar, wenn wir das Vertrocknen und Verdorren von Samenkapseln, die ja ursprünglich aus grünen Fruchtblättern bestehen, verfolgen und das Zurücktreten des Lebens in der Samenbildung beobachten. Diese ist jedoch zugleich die Voraussetzung zur Bewahrung des Lebens und seiner Ausbreitung in neue Entwicklungsphasen. Saturnkräfte sind es auch, welche mitten im Sommer, verborgen im grünenden, lichtatmenden Blättermeer eines Baumes, zu den Tausenden von Knospenanlagen führen, welche das Leben – samenverwandt – durch den Winter tragen und im Frühling wiedererstehen lassen.

In diesem Sinne ist das Schicksal der nathanischen Seelenwesenheit von dem saturnischen Gesetz der Involution geprägt. Es darf als Zurückhaltung in einem menschheitlichen Knospenzustand aufgefaßt werden – einer Knospe, die zu einer ganz besonderen, einzigartigen Blüte im Menschheitsorganismus ausgebildet werden sollte. Sie war berufen, nicht nur Bild der äußeren Sonne zu werden, sondern deren geistiges Wesen selbst zu verinnerlichen und in sich aufstrahlen zu lassen. Es war die in ihr bewahrte Keimkraft von «Saturns weltenalter Geist-Innigkeit», welche die kosmische «Lichtgestalt» des Christus dem «Raumessein und Zeitenwerden weihen» sollte.

Der angedeutete Knospenzustand des späteren lukanischen Knaben erfuhr einen ersten gewaltigen Einschlag und eine wesentliche Entfaltung im 12. Lebensjahr in der Tempelszene in Jerusalem. Das reife Ich-Wesen des salomonischen Jesus ging in Aufopferung seiner Leiblichkeit auf den nathanischen Jesus über. Der junge Knabe wurde dadurch für die Umstehenden in unfaßbarer Weise verwandelt und konnte als ein Lehrender auftreten, der an Wissen und Weisheit alle anwesenden Pharisäer und Schriftgelehrten übertraf. Die Szene wird unverkennbar überleuchtet von «Jupiters erstrahlender Weisheit». Die Leibeshülle des salomonischen Knaben, die von ihrem Ich verlassen worden war, siechte jedoch nach kurzer Zeit dahin – sie verschied im Schattenwurf der saturnischen Todeskräfte.

Zugleich aber hatte sich in der Vereinigung der beiden Jesusknaben auf menschlicher Ebene in einmaligem *konjunktivem* Zusammenklang verwirklicht, was zuvor in dreifacher Weise die beiden Planeten Saturn und Jupiter am Himmel so bedeutsam durch die Wiederholung ihrer Großen Konjunktion angekündigt hatten. Die bereits erwähnte Weissagung des apokryphen Ägypter-Evangeliums hatte sich erfüllt: «Daß das Heil erscheinen wird in der Welt, wenn die Zwei Eins und das Äußere wie das Innere werden wird.»

Kosmologisch gesehen überleuchtet Jupiter die Tempelszene, und es ist sein Transit, der das wichtige Geschehen des Zusammentreffens der beiden Jesusknaben zeitgerecht auslöste.

Im folgenden soll dieser «Auslösungsvorgang» noch unter einem anderen, mehr *physiologischen* Gesichtspunkt betrachtet werden, der ihn dem Verständnis näherbringt. Es wird sich erneut zeigen, daß die Wesensvereinigung im Tempel und die Taufe am Jordan – griechisch gesehen – im «Kairos», d. h. im einzigartigen, richtigen Zeitpunkt stattfinden und früher oder später undenkbar gewesen wären. Jede andere Zeit hätte nicht den Ausreifungsprozessen der leiblichen Gesamtorganisation Jesu entsprochen, die in jedem heranwachsenden Menschen kosmisch-planetarischen Gesetzen folgen. Dieser Zusammenhang ergibt sich besonders deutlich aus dem Vortrag Rudolf Steiners über «Das Ich und die Sonne, der Mensch innerhalb der Sternenkonstellation» vom 5. Mai 1921.

Das menschliche Denken – und die Entfaltung der Intelligenz überhaupt – stützt sich leiblich vor allen Dingen auf das Gehirn als Organ des Zentralnervensystems. Zum Zeitpunkt der Geburt liegt die Anzahl der Gehirnzellen bereits fest, und eine weitere Teilung der Nervenzellen, also ein echtes Gehirnwachstum, ist nicht mehr möglich. Die trotzdem erfolgende Zunahme des Gehirnvolumens ist bedingt durch das Weiterwachsen, Sich-Verbinden und Durchstrukturieren der von den Gehirnzellen ausgehenden Nervenfäden. Es sind dies hochkomplizierte Vorgänge, die einerseits angeregt werden durch die Fülle der verschiedensten Sinneseindrücke und andererseits der inneren Aktivität der Seele, also der Aufmerksamkeit, der Lernbereitschaft und des Denkwillens bedürfen. Es ist vor allem der Astralleib, der das Nervenleben durchorganisiert, differenziert und die sogenannten Gehirnzentren heranbildet. In dieser Tätigkeit sind nun besonders diejenigen astralen Kräfte wirksam, die das sich verkörpernde Geistwesen aus der Jupitersphäre mitgebracht und verinnerlicht hat. Das anatomisch-physiologische Durcharbeiten der Nervenorganisation wird aber fortlaufend noch vom kosmischen Umkreis her gefördert. «Was da in unserem astralischen Leib wirkt und was zunächst überhaupt unser Denken stark macht, das ist Jupiter-Wirkung. Jupiter-Wirkung hat es vorzugsweise mit dem astralischen Durchorganisieren des menschlichen Gehirns zu tun.»[36]

Substantiell gesehen sind es die Kräfte des Zinns, des Metalls Stannum, welche die Jupitersphäre im Innern repräsentieren und die über die Prozesse im Ätherleib bis in das physische Organ hinein wirken.

Im heranwachsenden, bildungsfähigen Organismus sind die Sternenkräfte noch besonders stark tätig und ziehen sich erst mit der Ausreifung der Organisation allmählich von ihrer Wirksamkeit zurück. Und diese Ausreifung ist durchaus von den kosmisch-planetarischen Rhythmen im Sinne der Umlaufzeiten der betreffenden Gestirne abhängig oder wird von ihr bestimmt. So macht Rudolf Steiner zum Beispiel darauf aufmerksam, daß es «von den Mars-Wirkungen in uns abhängt, daß die Kräft, die sich dann in das Sprechen ergießen, entfaltet werden können». Zeitlich gesehen ist aber «die kleinere Umlaufzeit des Mars . . . dafür maßgebend», daß der Mensch «innerhalb einer Zeit, die durchaus der halben Umlaufzeit des Mars ungefähr entspricht, die ersten Sprachlaute»[36] lernt.

Ähnliches gilt auch für die intensive Tätigkeit Jupiters und seine 12jährige Umlaufzeit. «Das ist ganz auf den Menschen zugeschnitten und das, was sich in uns als Denken entwickelt, das hat schon mit den ersten 12 Lebensjahren zu tun. Alles was draußen kreist, ist eben nicht ohne Beziehung zum Menschen.»[36]

Erst nach dem ersten Jahrzwölft haben also die Ausreifungsvorgänge des Gehirns einen solchen Grad erreicht, daß beim Schulkind in verstärkter Weise das abstrakte, bildlose Denken – besonders in geometrischer und mathematischer Form – angesprochen und geübt werden kann und muß.

Damit wird aber auch der Grund ersichtlich, warum die Zarathustra-

Wesenheit, welche schicksalhaft mit der Ausbildung des Intelligenz-impulses so besonders stark verbunden war, erst im 12. Lebensjahr die nathanische Leiblichkeit beziehen und mit der oben angedeuteten Durcharbeitung derselben beginnen konnte. Die Vereinigung der natha-nischen und salomonischen Menschheitsströmung zu einem einheitli-chen «Zwillingsgefäß» setzte eine bestimmte physiologische Reife der beiden, sie repräsentierenden Leiblichkeiten voraus, insbesondere was die Nerven- und Gehirnorganisation anlangt. Diese war zeitlich bestimmt aus dem Sphärenbereich Jupiters.

Das Ereignis am Heidenaltar und der zweite Jupiter-Transit

Die notwendige, zukünftige Erweiterung und Spiritualisierung der über-lieferten und in vieler Beziehung überholten, uralten Astrologie wird ein wesentliches Forschungsresultat der Geisteswissenschaft zur Grundlage haben müssen. Es ist die Tatsache, daß sich im Augenblick der Geburt der ganze Sternenhimmel mit allen planetarischen Konstellationen in die übersinnliche Organistion des menschlichen Hauptes beziehungsweise des Gehirns einprägt. Jeder Mensch trägt das «Gesetz, wonach er angetreten» (Goethe), also sein individuelles Horoskop, mit sich herum. Unser leibliches Intrument ist im Sinne des Zusammenklangs der Sphä-renharmonie, unter dem wir den endgültigen Abschied aus kosmischem Getragensein erfahren und das Licht der Erdenwelt erblickt haben, abgestimmt. Dieser Abdruck ist ja eine Art Zusammenfassung des Durchgangs durch die Sternensphären zwischen Tod und neuer Geburt im Sinne des Karma und der entsprechenden Bildung unserer neuen Wesensglieder. Die Verwirklichung des Karma auf Erden im Sinne des vorgeburtlich selbst geschaffenen Schicksals kann als eine Resonanz aufgefaßt werden.

Wenn sich am Himmel eine Trigon-Stellung zwischen Jupiter und Venus oder eine Quadraturstellung zwischen Uranus und Mars bildet, werden nur diejenigen Menschen davon berührt, die bei einer solchen Konstellation geboren wurden und sozusagen darauf abgestimmt sind. Die Pforten des verlassenen Kosmos öffnen sich gleichsam, und es kann im Sinne der karmischen Fügung und Führung von dem das Leben begleitenden Angelos – *zeitgerecht* – mit herbeigeführt werden, was zur Förderung der individuellen Entwicklung schicksalhaft notwendig ist.

Wie wir gesehen haben, spielt der Transit eines Planeten, also der erneute Durchgang über den Standort des Geburtshoroskops, dabei eine besondere Rolle. Dies ist natürlich auch nur dann der Fall, wenn der betreffende Planet im zuständigen Horoskop eine besondere Stellung hat oder konstellativ mit anderen Planeten eng verbunden ist und so auf den vorgeburtlich geschaffenen Bezug mit seinen Kräften beim Durchgang durch die Sternensphären hinweist.

Wir gingen von der inneren Beziehung der Zarathustra-Wesenheit zur Jupitersphäre aus. Im Hinblick darauf muß die Frage entstehen, ob nicht in diesem besonderen Falle auch der nächstfolgende, also zweite (und letzte) Jupiter-Transit einen erneuten Einschnitt oder Einschlag im Leben Jesu bringen könnte. Er fiel in sein 24. Lebensjahr, von dem in den Evangelien nichts berichtet wird.

Eine überraschende Antwort erhält man, wenn man den Berichten Rudolf Steiners aus der Akasha-Chronik folgt: Jesus hat mit etwa 18 Jahren Palästina verlassen und sich auf vieljährige Wanderungen im Umkreis begeben. Er lernt die heidnischen Kulte und Religionsformen kennen, deren Überalterung, Leere und Niedergang ihn ebenso stark berührt wie das Schicksal der zumeist kranken, hilfesuchenden und von ihrer früheren Gottverbundenheit abgeschnürten Menschen. Den Abschluß dieser Lebensphase bildet die erschütternde Szene an einem von seinen Priestern verlassenen und von Dämonen besetzten heidnischen Altar einer alten Kultstätte. Wiederum versammeln sich viele Menschen, angezogen von der Würde und Liebe ausstrahlenden Persönlichkeit Jesu, und glaubten, es sei der neue, ihnen «gesandte Priester. – Sie drängten ihn zum Opferaltar hin, sie stellten ihn auf den heidnischen Altar . . . und verlangten von ihm, daß er die Opfer verrichte, damit der Segen Gottes über sie komme. Und während dies geschah . . ., fiel er wie tot hin, seine Seele wurde wie entrückt, und das Volk, das ringsherum glaubte, seinen Gott wiedergekommen, sah das Furchtbare, daß derselbe, den es für den neuen, vom Himmel gesandten Priester gehalten hatte, wie tot hingefallen war. Die entrückte Seele des Jesus von Nazareth aber, sie fühlte sich erhoben wie in geistige Reiche, wie in den Bereich des Sonnendaseins.»[37] In dieser Weisheitssphäre wird die leibfreie Seele jetzt von höchsten Inspirationen durchklungen; sie hört die schon oft vernommene Geistesstimme der Bath-Kol in verwandelter Form und wird durch Worte, die Rudolf Steiner «das makrokosmische Vaterunser» nennt, über den tiefen Sinn der Menschheitsentwicklung, die Notwendigkeit aller Übel sowie der gegenseitigen Verschuldung der Menschen im Zusammenhang mit ihrer Ich-Werdung aufgeklärt. «Das war das zweite bedeutsame Ereignis, der zweite bedeutsame Abschluß in den verschiedenen Lebensperioden, die Jesus von Nazareth durchgemacht hat seit seinem 12. Jahre.»[37] Jesus stand zu diesem Zeitpunkt in seinem 24. Lebensjahr!

Die geschilderte «Katastrophe», welche zugleich eine höchste Steigerung der leidvollen Lebenserfahrung einer etwa 6jährigen Periode darstellt, war offenbar zugleich eine *Einweihung*. In andern Zusammenhängen schildert Rudolf Steiner, wie jede Einweihung im Kraftbereich eines bestimmten Sternbildes stattfindet. In diesem Sinne sei Johannes der Täufer ein Wassermann-Eingeweihter und Jesus ein Fische-Eingeweihter gewesen. Wohl nur im Blick auf solche Mysterien-Hintergründe konnte der Kirchenvater Tertullian Jesus als einen «großen Fisch» bezeichnen. Wann und wo aber hat diese Einweihung, welche eine unerläßliche Voraussetzung für die Taufe am Jordan war, stattgefunden? Das Ereignis am Heidenaltar beantwortet diese Frage: Jesus hatte eine neue Stufe der Erkenntnis erreicht und damit zugleich an die Einweihungen früherer Erdenleben der Zarathustra-Wesenheit erneut angeknüpft und die mit ihnen veranlagten Fähigkeiten gesteigert.

Rudolf Steiner schildert diesen Zuwachs an Weisheit und Fähigkeiten mit folgenden Worten: «Wie es aber ist, daß man gewisse Stufen der höheren Erkenntnis nur dadurch erreicht, indem man die Abgründe des Lebens kennenlernt, so war es in gewisser Weise auch bei Jesus von Nazareth, daß er um sein 24. Lebensjahr herum dadurch, daß er so unendlich tief in die menschlichen Seelen hineingeschaut, in Seelen, in die wie hineinkonzentriert war aller Seelenjammer der Menschheit der damaligen Zeit, auch besonders vertieft worden war in der Weisheit, die allerdings wie glühendes Eisen durch die Seele durchzieht, aber auch die Seele so hellsichtig macht, daß sie durchschauen kann die lichten Geistesweiten. So war die verhältnismäßig junge Seele behaftet mit dem ruhigen, eindringlichen Geisteseseblick. Jesus von Nazareth war zu einem Menschen geworden, der tief in die Geheimnisse des Lebens hineinschaute, der so in die Geheimnisse des Lebens schauen konnte wie bisher niemand auf der Erde, weil niemand vorher betrachten konnte, bis zu welchem Grade menschliches Elend sich steigern kann.»[37]

Mit den Worten: «So war Jesus von Nazareth nicht nur ausgestattet mit dem Blick, mit dem Wissen der Weisheit, sondern in gewisser Weise durch das Leben ein Eingeweihter geworden»[37], deutet Rudolf Steiner an, daß das Erlebnis am Heidenaltar im Lichte eines Einweihungsvorganges verstanden werden muß.

Dieser fand aber nicht zufällig im 24. Lebensjahr statt, als Jupiter wiederum das Sternbild Jungfrau erreicht hatte und das zweite Lebensjahrzwölft abrundete. Es muß dabei, da es sich um eine Einweihung im Zeichen der Fische gehandelt hat, beachtet werden, daß es das der Jungfrau gegenüberliegende Sternbild der Fische war, in dem sich – angeregt von der Sonne in der Jungfrau – die dreifache Konjunktion des Jahres 7 vor Christus abgespielt hatte. Auf den besonderen Bezug beider Sternbilder kommen wir noch zurück.

Die oben zitierten Worte aus dem «Fünften Evangelium» sind 14 Tage nach der Grundsteinlegung des ersten Goetheanums gesprochen, bei der Rudolf Steiner, wie er selbst sagte, «einer okkulten Verpflichtung folgend, . . . zum ersten Male mitteilen durfte . . .»[37], was Jesus von Nazareth während seiner Entrückung an jenem Heidenaltar vernahm und was sich – die Mysterienweisheit von Jahrtausenden zusammenfassend – als makrokosmische Vorstufe des späteren mikrokosmischen Vaterunsers darstellte.

Möge der Leser das etwas ausführlichere Eingehen auf die Ereignisse am Heidenaltar als Anregung betrachten, sich mit dem geheimnisvollen Zusammenhang des Niedergangs und des Verklingens der vorchristlichen Mysterien und ihrer Auferstehung und physischen Manifestation in einer neuen, durchchristeten Mysterienstätte weiter zu befassen. Werden doch im Leben Jesu «persönliche» Vorgänge und Ereignisse im Schicksal, wie das geschilderte Erlebnis, zugleich zu Knotenpunkten der Menschheitsentwicklung.

Jupiters zweiter Transit im Sternbild Jungfrau gemahnt uns zugleich daran, die Szene mit derjenigen des 12jährigen Jesus im Tempel, also mit der beim ersten Transit, zu vergleichen. Die Worte «Da fiel er wie tot hin» am Heidenaltar können dabei wie ein Nachklang des physischen Todes des salomonischen Jesusknaben in seinem 12. Jahr empfunden werden im Sinne des Saturn-Motivs. Die jupiterhaft «erstrahlende Weisheit» der Tempelszene aber hat sich äußerlich gegenüber der zutiefst erschrockenen und enttäuschten Volksmenge in eine von Dämonen erfüllte Finsternis verwandelt, der in polarer Form das Weisheitslicht der Einweihung entspricht, das im Geistgebiet der Sonne aufstrahlte und zu erringen war.

Bei einem noch tieferen Eingehen auf die schicksalhafte, 18jährige Zeitspanne, in welcher die Zarathustra-Wesenheit dem lukanischen Jesus innewohnte, ergibt sich der Geistesforschung eine deutliche Gliederung in drei ungefähr gleiche Lebensabschnitte: «Wir können drei Epochen in der Entwicklung dieses Jesus von Nazareth unterscheiden. Die erste vom 12. bis zum 18. Lebensjahr. Die zweite vom 18. bis zum 24. Lebensjahr. Die dritte etwa vom 24. bis zum 30. Lebensjahr.»[38] In die erste Periode fiel die Erlernung des Zimmermannhandwerks und die innere Erfahrung der verklungenen Offenbarungen des jüdischen Volkes und seiner Propheten. Die zweite Epoche ist als Wanderzeit erfüllt von der tragischen Begegnung mit der Verdunkelung und der Dekadenz der heidnischen Mysterien. Die dritte Periode bringt das tief ergreifende Kennenlernen der Größe und Einseitigkeit des Essäer-Ordens.

Es wurden die Einschnitte um das 12. und 24. Lebensjahr als ein Ausdruck der beiden Jupiter-Transite betrachtet. In diesem Zusammenhang muß die Frage entstehen, ob nicht die gesamte Gliederung der 18 Jahre mit der Rhythmik Jupiters zusammenhängt.

Die wichtigsten planetarischen Konstellationen sind Konjunktion und Opposition, wie wir bereits gesehen haben und bildhaft an Neu- und Vollmond erleben können. Erst die Einbeziehung der Opposition Jupiters zu Saturn verwandelte das Trigon der Großen Konjunktion in den Sechsstern höherer Ordnung! Nun tritt Jupiter bei seinem Umlauf durch den Tierkreis nach jeweils rund 6 Jahren in das entgegengesetzte Sternbild ein und kommt somit in die Opposition zum Standort im Geburtsaugenblick. Dem besprochenen ersten und zweiten Jupiter-Transit im Sternbild Jungfrau folgte also im 18. und 30. Lebensjahr Jesu eine Oppositionsstellung zum Transitpunkt im Sternbild Fische. Daß auch solche Stellungen von Bedeutung sein können, zeigen viele astrologische Erfahrungen. Im 18. Lebensjahr trat Jupiter in das Sternbild ein, welches demjenigen gegenüberliegt, in dem er sich während der Tempelszene befand. Jetzt löste sich Jesus äußerlich aus dem Elternhaus und innerlich aus dem jüdischen Kulturkreis und ging auf die Wanderschaft.

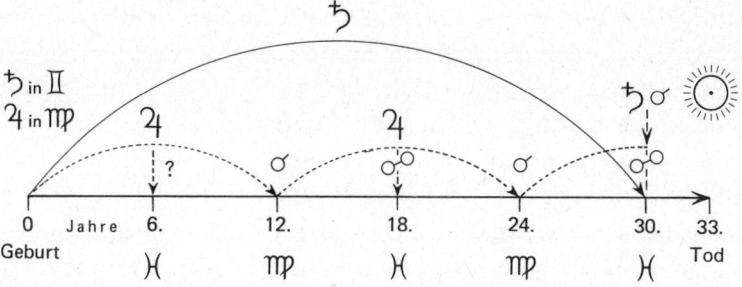

Figur 10: Die kosmologische Gliederung des Lebens Jesu im Blickfeld des Jupiter-Rhythmus im Sinne der Hinweise des ‹Fünften Evangeliums›.

Zwölf Jahre danach, als im 30. Lebensjahr Jupiter wiederum in die Oppositionsstelle zum Geburtsaugenblick eintrat, löste sich die Geistseele Zarathustras aus der Leiblichkeit des nathanischen Jesus los. Bei diesem dem Erdentod verwandten Opfervorgang wirkt aber Saturn mit, worauf im nächsten Abschnitt eingegangen werden soll. Jupiter-Opposition und Saturn-Transit zum Geburtsstand fallen zusammen und führen zu einer höchsten Steigerung im Sinn des wesentlichsten Einschnitts im Leben Jesu. Die Figur 10 veranschaulicht – um die Oppositionsorte Jupiters erweitert – diesen rhythmologisch gegliederten Lebensgang.

Der damit aufgedeckte noch engere Zusammenhang zwischen Jupiter-Lauf und der 6jährigen Gliederung des Lebenslaufes Jesu betont die hier dargelegte Beziehung zwischen der Zarathustra-Wesenheit und der Jupitersphäre. Ob bereits im 6. Lebensjahr des salomonischen oder nathanischen Knaben, also bei der ersten Oppositionsstellung, ein wichtiger Lebensabschnitt sich abzeichnete, wissen wir vorerst nicht.

Die Jordantaufe und der Saturn-Transit

Im 12. Lebensjahr des nathanischen Jesus hatte das in ihn eingezogene Zarathustra-Ich die Aufgabe übernommen, die von allen Niedergangskräften unberührte, aber auch noch von allen ichhaften Erdenerfahrungen freie Seelenwesenheit bis in die Leiblichkeit in weisheitsvoller Form zu durchdringen und in den nächsten 18 Jahren im Sinne der menschlichen Ich-Organisation zu prägen. Dieses einmalige Leib-Seelen-Gefäß mußte für die Aufnahme des Sonnengeistes selbst, des Welten-Ich, sorgfältig zubereitet werden. Diese Arbeit geschah in der liebevollen Treue zu dem prophetischen Wissen Zarathustras, der Jahrhunderte zuvor, wie angeführt wurde, seine Schüler lehrte: «Und Er und ich sind Eines.»[1]

Ende des 29. Lebensjahres war Saturn auf seinem langsamen Rundgang zum ersten Mal nach der Zeitenwende wieder in das Sternbild der Zwillinge eingetreten und überschritt in der Mitte des Monats Mai im 30. Jahr den Punkt, wo er bei der Geburt des nathanischen Jesusknaben gestanden hatte. Die Taufe am Jordan erfolgte im Zeichen dieses Transits – wenn sie auch nicht exakt auf den gleichen Tag gefallen sein mochte –, also in der Zeit des erneuten Sternbild-Durchgangs. Wieder kam es im irdischen Felde zu einem einzigartigen konjunktiven Geschehen: Die Zarathustra-Wesenheit zog sich in hingebungsvoller Opferbereitschaft aus der leiblichen Hüllennatur des Jesus zurück und beendete so ihre Verkörperung, auf daß aus kosmischen Höhen der Christus-Geist einziehen konnte. «Menschensohn» und «Gottessohn» wurden eins. Die eigentliche *Christ-Geburt* fand statt und wurde dadurch bezeugt, daß sich für das Geistgehör dem Täufer Johannes die Urgründe des Kosmos öffneten und die vatergöttliche Wesenheit den Sinn des geistig-physischen Geschehens offenbarte: «Dies ist mein geliebter Sohn, heute hab ich ihn gezeuget» (so ist der Wortlaut in vielen Urschriften der Evangelien). Die Vereinigung des Sonnengeistes mit dem Vererbungsstrom des aus den Mondenkräften herangebildeten Leibesgefäßes kann damit als eine Art kosmischer Konzeption, als Schöpfungsakt, der die Menschheitswende auf Golgatha vorbereitete, verstanden werden. Unübersehbar ist dabei das saturnische Motiv der Involution und des Todes, denn die Taufe am Jordan bedeutet ja zugleich für die Zarathustra-Wesenheit die Beendigung ihres diesmaligen Erdenlebens: sie übergibt durch ihren selbstlosen Hingang ins Geistgebiet die im 12. Jahr bezogene Leiblichkeit dem Christus-Geist und bereitet aber durch dieses Opfer zugleich ein unabsehbar großes, menschheitliches Werden vor.

In urbildhafter Weise verwirklicht sich zum ersten Male das spätere Wort des Paulus: «Nicht ich, der Christus in mir.»

Ähnlich, wie dies für die Jupiterkräfte in ihrem Zusammenhang mit der Gehirnbildung gezeigt wurde, gilt es auch bei Saturn, sein physiologisches Wirken – wie bereits angedeutet – in der heranwachsenden Leiblichkeit zu beachten. Erst dann wird ersichtlich, warum das gewaltige Geschehen der Jordantaufe nicht vor dem 30. Lebensjahr stattfinden konnte. Zuvor mußte Saturn das ihm obliegende Werk im Organismus beenden. Zwar wird die vollständige Ausbildung des Skeletts mit 20, spätestens 24 Jahren abgeschlossen. Damit liegt zugleich das Ausgewachsensein des Organismus und seine endgültige Größe fest. Viele feinere Ausreifungsprozesse, die den Saturnkräften obliegen, finden jedoch, wie die Geistesforschung zeigt, noch weiterhin statt. Es sind Kräfte, «welche eigentlich im ganzen astralischen Leib, namentlich in demjenigen Teil, der dem oberen Menschen angehört, wirksam sind. Der Saturn hat die Kräfte, die in diesen astralischen Leib hineinstrahlen. Und indem sie den astralischen Leib durchstrahlen, beleben, wirken sie auf ihn so, daß von ihnen eigentlich in ganz wesentlicher Weise abhängt, inwiefern sich der astralische Leib in ein richtiges Verhältnis zum physischen Leib des Menschen stellt.» Im Gegensatz zu Jupiter und Mars, die nur eine bestimmte Partie des astralischen Leibes als ihr eigentliches Wirkensgebiet herausgliedern, hat Saturn eine übergeordnete, tief in den Wesensgliederzusammenhang hineinwirkende Aufgabe. Er muß «auf dem Umweg über das Haupt ein richtiges Verhältnis des astralischen Leibes zum menschlichen physischen und zum Ätherleib» herstellen und namentlich den «astralischen Leib in einer richtigen Weise in die ganze menschliche Organisation eingliedern . . ., und diese Wirkung auf das menschliche Leben hat eigentlich angefangen in unsern zwei ersten Lebensjahrzehnten, solange wir in den Wachstumsperioden sind, und ganz hört sie ja eigentlich erst auf nach dem 30. Jahre. Wie wir uns da entwickeln in unserem astralischen Leib, davon hängt unser ganzes Leben und unsere Gesundheit ab.»[36]

Erst im 30. Lebensjahr, also nach einem vollen Umlauf Saturns durch den Tierkreis, ist die leibliche Ausreifung des menschlichen Organismus – im Gegensatz zu allen Tieren – vollendet. Der bereits erwähnte innere Bezug Saturns zu den Reifeprozessen der Frucht- und Samenbildung im Pflanzenreich tritt deutlich zutage und bildet also auch ein innerstes Entwicklungsgeheimnis der menschlichen Organisation. Diese aber ist dazu berufen, durch ihre drei unteren Wesensglieder ein Ich-Träger zu werden. Selbstverständlich hängt die richtige Eingliederung des Ich von der geschilderten Arbeit des Saturn ab; sie bereitet jene vor. Dieser Gesichtspunkt ist in unserem Zusammenhang besonders wesentlich; denn bei der Jordantaufe sollte ja nicht nur ein gewöhnliches Menschen-Ich, sondern das Welten-Ich selbst als Sonnengeist ein leibliches Gefäß beziehen, das in bestmöglicher Weise auf die Auswechslung des Ich und die Innewohnung eines kosmischen Ich vorbereitet werden mußte. Nun liefern aber gerade «die Saturnkräfte auf der anderen Seite wiederum das Verhältnis des astralischen Leibes zum Ich, weil ja der Saturn im Verhältnis steht zur Sonnenwirkung». Was «räumlich-zeitlich dadurch ausgedrückt ist, daß der Saturn seinen Umkreis um die Sonne ungefähr, wie Sie wissen, in 30 Jahren vollendet.»[36]

Der Eintritt Saturns in das Sternbild Zwillinge im 30. Jahr zeigte im Leben Jesu diese Vollendung an und damit zugleich die vollkommene Ausreifung seiner Leiblichkeit für den Einzug der Christus-Wesenheit. Dieses Ereignis erfolgte zeitgerecht im Zeichen des Saturn-Transits. Bis zu diesem Zeitpunkt hatte das Zarathustra-Ich die ihm obliegende Aufgabe erfüllt, im Einklang mit der Wirksamkeit Saturns die Leiblichkeit des nathanischen Jesus ichhaft durchzugestalten, und konnte diese als wohlvorbereitetes, irdisch-menschliches Gefäß einem Höheren übergeben.

Abschließend darf daran erinnert werden, daß die besprochenen Ereignisse, welche die Zeitstruktur des Lebens Jesu im Sinne der Jupiter- und Saturn-Rhythmen wesentlich mitbestimmen, stattfanden im Zeichen des urpersischen Quadratur-Geheimnisses der beiden Sternbilder Jungfrau und Zwillinge (siehe dazu S. 73). Denn in ihnen löste der jeweilige Transit des zuständigen Planeten das irdische Geschehen aus.

X

Der 33jährige Sonnenrhythmus

Zur Kosmologie
des Mysteriums von Golgatha

Tod und Auferstehung im Leben Jesu Christi fallen in das 33. Lebensjahr. Diese Zahl weist auf vielerlei Geheimnisse hin, die – kosmologisch
gesehen – wesentlich mit der Sonne und ihrem rhythmologischen Bezug
zur Erde zusammenhängen.

Im Sinne der Berechnungsmöglichkeit, welche durch die exakte Feststellung des Todes von Herodes gewonnen wurde, war Jesus am Ur-
Karfreitag, also am 3. April 33, falls der Geburtstermin am 25. Dezember
im Jahre 1 vor Chr. angenommen werden darf, 32 Jahre und etwas über
3 Monate alt; er stand also in seinem 33. Lebensjahr. Nimmt man jedoch
die 9 Monate von der Konzeption bis zur Geburt hinzu, so ergibt sich
eine Zeitspanne von fast genau 33 Jahren.

Im Tod trennen sich Leib und Geist-Seele und gehen auseinander.
Aber dem gewaltsamen Tod auf Golgatha folgte über das Mysterium der
Auferstehung die Verbindung des Sonnengeistes mit der ganzen
Menschheit und der zu ihr gehörenden Erde, «daß auch sie einst Sonne
werde» (Christian Morgenstern).

Im Hinblick auf die Polarität der Ereignisse von Karfreitag und
Ostersonntag begegnen wir einer Steigerung konjunktiven Zusammenklangs und konjunktiver Wesenverwebung von erdumspannendem Aus-
maß und kosmischer Größe.

Wenn – im Sinne unserer Thematik – die dreifache Konjunktion der
Schlüssel zur Zeitstruktur des Lebens Jesu ist, müßte das Urbild dessen,
was im irdischen Ablauf sich im 33. Jahr abrundete, in der Sonne bzw. in
ihrer Rhythmik zu finden sein. Aber auch hier müssen wir, wie bei
Jupiter und Saturn, uns bewußt sein, daß es sich nicht nur um eine
äußere astronomische Parallele handeln kann, sondern zugleich um
einen inneren Wesensbezug. Dieser ist durch die Tatsache unmittelbar
gegeben, daß die Christus-Wesenheit – kosmologisch erfaßt – das
«Innere» der Sonne, der Sonnengeist selbst ist und als solcher, wenn

auch unter vielerlei anderen Namen, schon in der vorchristlichen Zeit bekannt war und verehrt wurde.

Wir gingen bei der rhythmologischen Betrachtung des Lebens Jesu jeweils von der Bedeutung des planetarischen Transits aus. Nun geht aber die Sonne jedes Jahr über den Punkt, auf dem sie in unserer Geburtsstunde gestanden hat. Dieser Sonnen-Transit ist der Tag, den wir jeweils als Geburtstag hervorheben und nach dem wir unser Lebensalter bestimmen. Wer diesen Tatbestand jedoch astronomisch genau nimmt, wird eine große Enttäuschung erleben. Die Sonne findet sich zwar im gleichen Sternbild und am gleichen Jahrestag, aber fast nie zur gleichen Stunde und Minute an dem Sonnenort der Geburtsstunde ein. Ein anderer Ausdruck dieser Unregelmäßigkeit ist die Tatsache, daß der Frühling zwar jedes Jahr – von wenigen Ausnahmen abgesehen – am 21. März eintritt, der genaue Durchgang durch den Schnittpunkt von Himmelsäquator und Sonnenbahn (Ekliptik) aber jedes Jahr zu einer anderen Tagesstunde stattfindet, wie sich an einigen fortlaufenden Kalendern sofort ablesen läßt. Der Frühlingsbeginn von 1982 fällt z. B. auf den 20. März, 23.56 Uhr, der von 1983 auf 5.39 Uhr des 21. März.

Dies hängt damit zusammen, daß das Jahr nicht runde 365 Tage lang ist, sondern die Sonne erst nach zusätzlichen 5 Stunden und rund 49 Minuten ihren Lauf durch den Tierkreis vollendet. *Erst nach 33 Jahren klingen Jahreslauf, Tagesgang und Sonnenstand fast auf die Minute genau wieder zusammen.* Nach jeweils 33 Jahren fällt daher auch wieder der Beginn der vier Jahreszeiten exakt auf die gleiche Tagesstunde. Wer also z. B. am 10. April eines bestimmten Jahres um 16.15 Uhr geboren ist, kann erst am 33. Geburtstag einen Sonnen-Transit erleben, der wirklich mit dem Augenblick der Geburtsstunde übereinstimmt. Das Zusammenspiel von Sonne und Erde ist also insgeheim von einem 33jährigen, mathematisch klar faßbaren kosmischen Rhythmus geprägt.

Durch die Tatsache, daß der Durchgang des Sonnengeistes durch den Tod auf Golgatha in das 33. Jahr des Jesus-Christus-Lebens fällt, das sich damit abrundet, wird dieses Geheimnis menschheitlich vor aller Welt offenbar.

Die Geschehnisse im 12., 24. und 30. Lebensjahr des Jesus führten jeweils zu einer einschneidenden Umwandlung seiner Wesenheit. Zeitlich-kosmologisch gesehen, hing diese mit den planetarischen Rhythmen von Jupiter und Saturn zusammen. Warum aber erfolgt im 33jährigen Rhythmus der Sonne, welche doch die Quelle alles irdischen *Lebens* ist, der *Tod*, also das physische Ende und die Zerstörung des so sorgfältig zubereiteten leiblichen Gefäßes?

Im Sinne unserer Thematik dürfen wir daran erinnern, daß nicht eine *konjunktive* Verbindung der Sonne mit Jupiter und Saturn, also ihr Hinzutreten in das gleiche Sternbild, in dem die Große Konjunktion stattfindet, das Wesen der königlichen Gestirnung ausmacht. Diese wird vielmehr durch das Eintreten der Sonne in das gegenüberliegende Sternbild, also durch die *Oppositionsstellung* hervorgerufen. Menschlich gesehen, weist dies hin auf die große Polarität, welche mit den Worten «Menschensohn» und «Gottessohn» oder «Jesus-Strömung» und «Christus-Strömung» umschrieben werden muß. Welthistorisch und menschheitskarmisch gesehen, war die Leiblichkeit Jesu dazu berufen, durch einen vorzeitigen Tod hingeopfert zu werden. Es gehört zu den tiefsten Geheimnissen des Weltenwerdens, daß ein Gott den Tod erleben mußte. Die unsterbliche, göttliche Wesenheit des Christus selbst mußte die Verletzbarkeit und die Zerbrechlichkeit einer dem Bereich der Endlichkeit von Zeit und Raum unterliegenden Leiblichkeit erfahren und die in den geistigen Welten unmögliche Todeserfahrung durchleben. Die Innewohnung des Gottes konnte dem physischen Leib also unmittelbar keine Lebensverlängerung, geschweige denn das ewige Leben bringen – sie stand zu ihr in Opposition.

Die damit berührte Sterblichkeit des Menschen aber ist eine der Folgen des Sündenfalls. Erst nach diesem entwickelte sich in der lemurischen Zeit die geschlechtliche Fortpflanzung, welche zur irdischen Geburt und zum leiblichen Tod der Menschen führte. Über die Polarität des Männlichen und Weiblichen und die daran gebundene Fortpflanzung wurde das Menschengeschlecht zugleich gebunden an die Gesetze der Zellteilung, der Vererbung und die durch Rassen-, Volk- und Stammeszugehörigkeit gegebene Einschränkung des Allgemein-Menschlichen. Dieser Bereich alles organisch-irdischen Lebens aber ist an die Kräfte des Erdenmondes gebunden und wird über den Sphärenbereich der Mondenkräfte geregelt und kosmisch verwaltet. Erst im Mondbereich wird der Ätherleib, der zur Verkörperung herunterkommenden Seele – je nach Eintritt bei zu- oder abnehmendem Mond – in die männliche oder weibliche Gestalt differenziert. Es sind ebenfalls die Mondenkräfte, welche jede Nacht die schlafende, im Kosmos weilende Seele wieder in die Leiblichkeit zurückführen.

Auch die beiden Jesusknaben, die aus sorgfältig durch Mysterienzusammenhänge gepflegten Generationsfolgen hervorgingen, sind an die von Jahwe verwalteten Mondenkräfte gebunden. «Beide Knaben hatten es in ihren Abstammungsverhältnissen mit den Jahwe-Mondenkräften zu tun. So kam bei der Verkündigung der Jesus-Geburt der Erzengel Gabriel zu Maria, der die Mondenwirkungen der Geburt repräsentierte.»[39]

So gesehen, steht bei der Jordantaufe einem aus der Mondenströmung stammenden und von Mondenkräften durchwirkten irdisch-leiblichen Gefäß die Sonnenhaftigkeit Christi polar gegenüber. Diese Zweiheit, die Jesus-Strömung und die mit den Sonnenkräften verknüpfte Christus-Strömung, wird über die Fleischwerdung des Wortes, die Inkarnation Christi, zu einer Einheit geführt.

Diese verborgene Polarität wird durch die Ereignisse am Karfreitag und Ostersonntag vor aller Welt offenbar. Aber die sterbliche und mondverhaftete Leiblichkeit wird durch den Tod am Kreuz nur scheinbar zerbrochen und abgestoßen. Sie erfährt durch die Auferstehungskraft eine schier unfaßbare Verwandlung. Von allen Folgen des Sündenfalls erlöst, wird sie in ihrer ursprünglichen Vollkommenheit und Gott-Ähnlichkeit neu aufgebaut. Dabei wird sie von der Bindung an die Gesetze des Mondes befreit, sie wird durchsonnt und weist in dieser Form als Auferstehungsleib in eine zur Vergeistigung führende Zukunftsphase der Menschheitsentwicklung. Letztere wird nach der Rückkunft des Mondes im 8. Jahrtausend, wenn die 7. nachatlantische Kulturperiode ihrem Ende zugeht, der geschlechtlichen Fortpflanzung entwachsen. Der mit den Sonnenkräften des Auferstandenen verbundene Mensch höherer Art wird sich dann durch die Kraft des Wortes über die weiterentwickelte Kehlkopf-Organisation fortpflanzen. Die ungeschlechtliche, pflanzenartige Fortpflanzung der hyperboräischen Sonnenzeit der Erde wird dann in höherer Form wiedererstehen. Das durch den Mondenaustritt und die Mondenrückkunft geprägte gegenwärtige Menschheitszeitalter, in dem die heutige Form von Geburt, Tod und Wiederverkörperung gilt, wird dann durch ein Zeitalter abgelöst werden, das die Wiedervereinigung mit der Sonne vorbereitet. Der innere Fortgang dieser Entwicklung wird impulsiert von der Metamorphose der leibgebundenen, instinktiven Liebe zur vergeistigten, selbstlosen Liebefähigkeit, die mit dem Ziel der Erdenentwicklung tief verbunden ist. Das damit in aller Kürze angedeutete Wechselspiel von Monden- und Sonnenkräften spiegelt sich in einer astronomischen Tatsache.

Wir alle erleben Monat für Monat, wie der volle Mond immer wieder im Lichtschoß der Sonne verschwindet und sich gleichsam auflösen muß, um verjüngt als zarte Sichelschale in der Abenddämmerung des Westhimmels neu hervorzutreten. Durch seinen Phasenwechsel wurde der Mond neben der Sonne zu einem wichtigsten Zeitgeber der Kalenderordnung aller Völker. Er gliedert das Sonnenjahr in die zwölf Mond-Monate, deren Beginn ursprünglich mit dem jeweiligen Neumond zusammenfiel.

Viele alte Völker fühlten sich durch ihre Stammes- und Blutsverbundenheit mit den Mondenkräften so verwachsen, daß sie einem *Jahr des Mondes* folgten und das Sonnenjahr zurücktreten ließen, was für uns heute undenkbar wäre.

Ein solches Mondenjahr umfaßt zwölf synodische Mondumläufe von 29,53 Tagen, also insgesamt 354,36 Tage. Es ist demnach rund elf Tage kürzer als das Sonnenjahr mit seinen 364 ¼ Tagen. Die dem Sonnenjahr folgenden Babylonier kannten diese Zeitspanne von elf Tagen und faßten sie als heilige Festeszeit auf, die der Sonne allein gehörte. In diese Nächte fiel die Einweihung in die Mysterien, die durch das Gebot «Schaue die Sonne um Mitternacht» charakterisiert war. In der Tradition des Christentums (Olav Åsteson) führte dieser Brauch zur Beachtung der zwölf Heiligen Nächte, welche in so bedeutsamer Weise durch Jesu Geburt eingeleitet und durch den Gedenktag an die Jordantaufe (6. Januar), also an die eigentliche Christ-Geburt, vollendet werden. Mohammedaner und Juden leben noch heute mit dem Rhythmus des Mondenjahres. Dadurch verfrüht sich ihr Neujahrstag um jeweils elf Tage und verschiebt sich durch alle Jahreszeiten. Nur nach jeweils 33 Sonnenjahren, die 34 Mondenjahre beinhalten, kann der Jahresbeginn der Christenheit mit dem Neujahrstag der Juden fast genau zusammenfallen. Denn astronomisch gesehen umspannen 33 Sonnenjahres mit ihren 12 052,99 Tagen 34 Mondjahre mit ihren 12 048,24 Tagen. Es verbleibt lediglich die kleine Differenz von 4,45 Tagen.

Es muß jedoch als Phänomen tief bedeutsam erscheinen, daß das

Sonnenwesen, welches dem Mondensein übergeordnet ist, mit dem ihm innewohnenden Ur-Rhythmus von 33 Jahren den Jahresgang des Mondes zusammenfaßt. Auch dieses Verhältnis der Rhythmen zweier Gestirne, welche unser irdisches Dasein als die eigentlichen Tore zum Kosmos begleiten, offenbart das – schon angeführte – Weisheitsweben der Cherubim (siehe oben S. 46); denn sie stimmen die planetarischen Rhythmen nach höheren Gesetzen aufeinander ab.

Damit fällt aber auch ein weiteres Licht auf das zeitliche Eintreten des Mysteriums von Golgatha. Viele alte Bilder zeigten den Gekreuzigten zwischen Sonne und Mond, wie dies z. B. auch in dem bekannten Relief der Externsteine der Fall ist. Solchen Darstellungen liegt das Wissen um die kosmische Natur des Christus zugrunde, aber auch die Tatsache, daß der Christus-Impuls tief mit dem Wechselweben der Sonnen- und Mondenkräfte im Menschheitsorganismus zusammenhängt.

In unserem Falle scheint es im Hinblick auf die Mondenkräfte besonders wesentlich, aber auch naheliegend, die neun Schwangerschaftsmonate in die Dauer der leiblichen Existenz Jesu mit einzubeziehen. Denn mit dieser sich ergebenden Abrundung auf genau 33 Jahre Erdenleben werden die genannten 34 Mondenjahre voll umspannt. Das durch die Mondenkräfte bedingte und von Anfang an durchwirkte Leibessein Jesu Christi war an die Vergänglichkeit der Erdenmaterie gebunden und wird *zeitgerecht* vom ewigen Sonnen-Sein des Auferstandenen abgelöst. In verkürzter, aber urbildhafter Form wird damit der gesamte Werdegang der irdischen Menschheit in sie eingeschrieben.

Das «Jüngerwerden der Menschheit»

Der bereits angedeutete innere, oppositionelle Spannungszustand in der Gesamtwesenheit Jesu Christi erfährt durch folgenden Hinweis Rudolf Steiners eine Aufhellung. Trotz der Vorbereitung durch viele Jahrhunderte und trotz ihrer Reinheit war die Körperlichkeit Jesu den gewaltigen Kräften des Christus-Ich auf längere Zeit nicht gewachsen. Die Sonnenhaftigkeit Christi wirkte auf diese Leibeshülle, wie eine verzehrende Glut. So bestand die Gefahr eines vorzeitigen Zerbrechens dieses Gefäßes. Der Eintritt des Zeitpunktes dafür wurde mitbestimmt durch eine den ganzen Menschheitsorganismus durchziehende, übergeordnete

Gesetzmäßigkeit, die Rudolf Steiner als das «Jüngerwerden der Menschheit» bezeichnet. Was ist damit gemeint?

Jeder hat in seiner Jugend erfahren, daß die heranwachsende, lebenerfüllte Leiblichkeit Impulse vermittelt, die wesentlich zum Schwung, zum Idealismus oder gar zur Begeisterungsfähigkeit des jungen Menschen beitragen. Aber auch die Möglichkeit, die Intelligenz zu handhaben, ist wesentlich von der Ausreifung des Körpers, insbesondere von der Gehirnorganisation abhängig. Diese Anregungen aus den biologischen Tiefen erstreckten sich zu Beginn der großen nachatlantischen Epoche noch bis in die Fünfzigerjahre des einzelnen Menschen. Dadurch wurden viele Kräfte überhaupt erst im Alter frei, um, losgelöst aus der leiblichen Organisation, das Bewußtsein mit Inspirationen zu erfüllen und zu befruchten. Bestimmte Einsichten konnten erst dann gewonnen werden. Es war das Gegenteil einer intellektuellen Seelenhaltung. Deshalb wurde der alte Mensch in der damaligen Gesellschaft auch noch hoch geehrt, was sich in vielen sozialen Einrichtungen, bis in die Zeit des römischen Senats, widerspiegelte. Es war also nicht nur eine reiche Lebenserfahrung, die den weisen älteren Menschen auszeichnete.

Diese Begabungs- und Tragfähigkeit der in unseren Leibeshüllen verborgenen, in Äonen in sie hineingewobenen göttlichen Schöpferkraft schwindet in gesetzmäßiger Weise dahin. Im Zusammenklang mit dem Fortgang des Frühlingspunktes durch den Tierkreis verliert die Menschheit in jeder Kultur- oder Sternbild-Epoche an Impulsierungsmöglichkeiten durch die Leiblichkeit. Sie wird in dieser Beziehung immer «jünger». Auch hier zeigt sich also ein kosmologischer Zusammenhang. Zu Beginn der altpersischen Zeit, der schon erwähnten Kulturepoche der Zwillinge um 5067 v. Chr., reichte die leibgebundene Inspirationskraft zum Beispiel noch bis ins 49. Lebensjahr. «Beim alten Perser, beim alten Inder gar, da war das Gehirn weich und biegsam und plastisch bis in die Fünfzigerjahre hinein, so plastisch, wie es heute nur in der ersten Jugend der Fall ist. Einfach durch dieses plastische Gehirn bekam man Offenbarungen, die man nicht bekommen kann, wenn man noch Kind ist, die man nur bekommen kann, wenn der Leib plastisch bleibt bis in das höchste Alter hinein. Unser mumifiziertes Gehirn, das schon mit 30 Jahren ganz vertrocknet ist, das kann die Offenbarungen auf jenem alten natürlichen Wege nicht erringen.»[40] Im Beginn der Bewußtseinsseelen-Epoche war die Menschheit – so gesehen – 28 Jahre alt.

Mittlerweile ist das Schwinden dieser Jugendkraft (seit 1722 n. Chr.) bis ins 27. Lebensjahr zurückgegangen; denn alle 309 Jahre, das sind ein Siebtel einer Kulturepoche, wird die Menschheit ein Jahr «jünger». Sie wird damit zugleich immer naturverlassener, sie verarmt – von selbst – seelisch-geistig. Das vatergöttliche Erbe, das dem «alten Adam» mitgegeben wurde, verbraucht sich erschreckend rasch. Es kommt immer früher zu einem Krisenpunkt in jedem Einzelleben. Ohne einen geistigen Einschlag von einer anderen Seite wäre dann der Mensch zur Lebensroutine, zum Philistertum, zur Frustration oder Schlimmerem verurteilt. An vielen Symptomen der heutigen Gesellschaft läßt sich diese Gefahr ablesen. «Von selbst erreicht da der heutige Mensch nichts mehr.»[40]

In der Tat handelt es sich bei diesem Schrumpfungsprozeß um eine Art Degeneration der Leiblichkeit in ihrer Verbindung mit dem – im vorhergehenden Abschnitt bereits geschilderten – mondverhafteten Strom der Vererbung. Rudolf Steiner machte deshalb auch darauf aufmerksam, daß dieser involutorische Vorgang in einem Versagen der menschlichen Fortpflanzungsfähigkeit am Ende der nachatlantischen Epoche gipfelt. «Sie sehen daraus, daß einmal der Zeitpunkt kommen wird, wo die Menschen nur entwicklungsfähig sein werden bis zu ihrem 14. Jahre, wo das geschlechtsreife Zeitalter aufhören wird, eine Bedeutung zu haben in der menschlichen Entwicklung . . . Diese physische Menschheit wird sich nicht länger entwickeln als bis zu dem Moment, wo diese obere Altersgrenze bis in das 14., 13. Lebensjahr heruntergerückt ist, denn von diesem Zeitpunkte an wird sich die physische Menschheit auf der Erde nicht mehr entwickeln können. Die Frauen werden keine Kinder mehr gebären! Dann wird es mit der physischen Menschheit auf der Erde zu Ende gegangen sein.»[40] Wir hatten von diesem Zeitpunkt, der mit der Rückkunft des Mondes und der Beendigung seiner heutigen kosmischen Funktion zusammenfällt, im vorangegangenen Kapitel bereits gesprochen.

Dieses negative Geschehen ist eine Folge des Sündenfalls und hängt mit dem Fortwirken dessen zusammen, was die christlichen Konfessionen die «Erbsünde» nennen. «Die Sünde, die der Mensch sich erwirbt mit seinem Ich, die mag zurückwirken auf den Astralleib, die kann sich nur im Karma austragen! Die Sünde, die der Mensch auf sich geladen hat, bevor er ein Ich hatte, die trägt bei zu einer fortwährenden Degeneration, Verkümmerung des ganzen menschlichen Geschlechts. Diese

Sünde wurde vererbbare Eigenschaft . . . das ist die Erbsünde. Nur müssen wir dann diese Erbsünde nicht so auffassen wie andere Sünden des gewöhnlichen Lebens, die wir uns voll zurechnen, sondern als ein Schicksal des Menschen, das verhängt werden mußte von der Weltenordnung, weil wir von dieser heruntergeführt werden mußten . . ., um uns die Kräfte zu erwecken, uns selber wiederum hinaufzuarbeiten. Darum müssen wir den Fall auffassen wie etwas, was zur Befreiung der Menschheit in das menschliche Schicksal einverwoben ist. Nie hätten wir freie Wesen werden können, wenn wir nicht heruntergestoßen worden wären.»[41]

Mit diesen Worten ist zugleich auf den tieferen Sinn dieses rätselhaften und scheinbar nur negativen Geschehens hingewiesen. Es handelt sich um ein «Emanzipieren von dem Physisch-Leiblichen . . ., was immer mehr und mehr heranrückt . . . das ergibt eben die Notwendigkeit, auf einem andern, auf einem bloß geistigen Wege für das emanzipierte Geistig-Seelische einen Inhalt zu bekommen. Das ergibt ihnen für unser Zeitalter die eminente Notwendigkeit, zum spirituellen Leben sich hinzuwenden.»[40]

Da der Sinn der Opfertat des Christus für die Menschheit auch die Erlösung von der Erbsünde und ihren Folgen ist, muß das Mysterium von Golgatha mit dem geschilderten Geschehen unmittelbar zu tun haben oder schicksalhaft mit ihm verwoben sein. Dies ist in der Tat der Fall.

In diesem Zusammenhang ist die Frage naheliegend, wie «alt» die Menschheit um die Zeitenwende war. Der Involutionsprozeß war mit dem Beginn des Widder-Zeitalters 747 v. Chr. in das 35. Lebensjahr vorangeschritten. Zwei Zeiträume von 309 Jahren später, also etwa im Jahre 129 v. Chr. trat die Menschheit in dieser Beziehung in ihr 33. Lebensjahr ein, das bis zum Jahre 180 n. Chr. dauerte. Die Mitte dieses Menschheitsjahres fällt etwa in das Jahr 26 n. Chr., also mitten hinein in das Leben Jesu!

Dieser Tatbestand wirft ein Licht auf das zuvor erwähnte Problem des labilen und gefährdeten Gleichgewichtszustandes, der mit der Inkarnation Christi, also mit seiner Verleiblichung seit der Jordantaufe, verbunden war. Die aus der Leiblichkeit Jesu aufsteigenden uralten Schöpferkräfte konnten offensichtlich nur bis zum individuellen Alter von 32½ Jahren den «verzehrenden» Kräften, die vom «Licht der Welt» ausgingen, das Gleichgewicht halten. Mit 32½ Jahren wäre der Zeitpunkt erreicht gewesen, der zu einem Überwiegen der Abbaukräfte geführt hätte. Die Leiblichkeit wäre von innen her rasch verzehrt worden und eine weitere Innewohnung der Christus-Wesenheit wäre unmöglich gewesen. Das Ende des Jesus-Christus-Lebens aber mußte *von außen her* durch Menschen – vorzeitig – herbeigeführt werden, allerdings bejaht von der Opferbereitschaft und Liebekraft Christi im Innern. Nur auf diese Weise konnte im Sinne der Vorsehung die Christus-Wesenheit karmisch unlösbar mit der Menschheit verbunden werden, wie es dann durch den Kreuzestod auf Golgatha im 33. Lebensjahr, bzw. im genauen Alter von 32 Jahren und etwas über 3 Monaten, geschehen ist.

Wiederum stehen wir vor einem «Kairos», dem einzigartigen, zeitlich rechten Augenblick, in dem das Erdenleben Jesu Christi nach kosmischen Gesetzen abgeschlossen wird. Die göttliche Weltenlenkung verbindet den in der Sonnensphäre urständenden 33jährigen kosmischen Lebensrhythmus mit dem Menschheitsorganismus zu der Zeit, als dieser beim «Jüngerwerden» in seinem 33. Jahr angekommen war und mit dem Sonnengeist als dem neuen Menschheits-Geist in einzigartiger Weise zusammenklingen konnte. Rudolf Steiner macht bei seinen Ausführungen über das «Jüngerwerden der Menschheit» auf die Bedeutung dieser auch den Geistesforscher überraschenden Tatsache aufmerksam.

Der «Schwundvorgang des Jüngerwerdens» selbst konnte durch die Inkarnation Christi nicht *unmittelbar* aufgehalten werden; er schreitet weiterhin nach ehernen Gesetzen in der Menschheit voran. Aber seit dem Mysterium von Golgatha wird in jedem Menschenleben der in den kommenden Jahrtausenden immer früher auftretende Krisenpunkt in der individuellen Entwicklung überstrahlt vom Licht des Auferstandenen. Aus Einsicht und in persönlicher Freiheit kann der aus den Impulskräften seiner Leiblichkeit weitgehend entlassene Mensch, dem Verlassenheit und Einsamkeit droht, die innere Beziehung zur Christus-Wesenheit finden. Dann durchleuchten sein Haupt spirituelle Ideen, welche, vom Herzen ergriffen, als echte Lebensideale den Menschen zu befeuern vermögen. Diese Ideale ermöglichen eine Selbsterziehung und Selbstverwirklichung im Dienste der Menschheit und führen über die heranrückende kritische Zeitschwelle hinweg in eine sinnerfüllte Entwicklung hinein. Es kann der Christus-Impuls als lebendige Wirklichkeit erfahren werden, da durch ihn zur Zeitenwende der Krisenpunkt, der durch das Jüngerwerden der Menschheit gegeben ist, urbildhaft im rechten historischen Augenblick überwunden wurde, so daß die Folgen der Erbsünde für den christverbundenen Menschen in gewisser Weise ausgelöscht werden können.

Die vorangegangenen Betrachtungen zeigen die vielfältige Verwobenheit des Christus-Geschehens mit dem 33jährigen Sonnenrhythmus. Eine Vollendung dieser rhythmologischen Zusammenhänge ergibt sich durch den Vortrag Rudolf Steiners, der den Titel trägt: «Et incarnatus est».[42] Darin wird dargestellt, wie jede wesentliche Idee, Erfindung, Entschließung oder Erdentat, mit der in das Menschheitsleben hineingewirkt wird, eine Art Geburtsgeschehen im Sinne eines weihnachtlichen Keimes ist, der nach 33 Jahren aufersteht. Im 33. Jahr wird so jeweils die wesentliche Folge eines nur scheinbar völlig vergangenen Geschehens sichtbar und seine Weiterentwicklung, Wandlung oder Steigerung möglich. Wie an anderer Stelle am Beispiel des Todes von Goethe gezeigt wurde, kann sich dieser Rhythmus mehrfach wiederholen. Die kosmisch vorgegebene Zeitdauer des Erdenlebens Jesu Christi mit ihrem inneren Bezug zur Sonne wird damit dem Menschheitsleben als ein im sozialen Bereich wirkender Grundrhythmus eingeprägt. Wer dieses Gesetz näher verfolgt, lernt das ätherische Lebensblut des Auferstandenen wahrzunehmen und kann den Herzschlag des Herrn der Himmelskräfte auf Erden verspüren, durch den er mit dem Menschheitsorganismus verwächst, ihn immer neu belebt und sonnenhaft in eine heilsame Zukunft führen wird.

XI

Vom Saturn-Aspekt des Grals

Logos spermatikos

Mit den Worten «Nicht ich, der Christus in mir» hat Paulus auf das höchste Ziel jedes Christenmenschen hingewiesen. Der Ausspruch erinnert an einen andern, den Johannes der Täufer getan hat: «Er muß zunehmen, ich aber muß abnehmen.» Bei beiden handelt es sich um Verzicht und Opferbereitschaft, welche in stetem innerem Wandlungs- und Veredelungsprozeß das niedere, mit der Selbstsucht verquickte Ich-Element zugunsten eines Höheren zurücktreten lassen. Kosmologisch gesehen geschieht dies durch Verwirklichung des Saturn-Motivs, von dem wir bereits gesprochen haben. Unzählige Menschen haben es sich in der Geschichte des Christentums als Einsiedler, Mönche, Ordensbrüder usw. in besonders starker Weise zu eigen gemacht.

Das niedere Ich aber ist an unsere vergängliche Leiblichkeit gebunden, weitgehend von den Kräften der Vererbung durchdrungen und ist teilweise verdunkelt von den genannten Folgen der weiterwirkenden Erbsünde. Jede wahre «Nachfolge Christi» setzt also voraus, daß wir unsere seelisch-leiblichen Hüllen läutern und reinigen, um sie durchlässig und aufnahmefähig zu machen für die Lichtsubstanz und Wesenhaftigkeit, die vom Auferstandenen ausstrahlt. Wir müssen mit anderen Worten in abgewandelter Form individualisiert vollziehen, was sich bei der Zubereitung der Leiblichkeit Jesu in Palästina in vollendeter Weise – urbildhaft – zugetragen hat. Das «Christus in uns» setzt auch in uns ein gewisses Maß des «Jesus-Werdens» voraus. Die Mystiker wußten um dieses Geheimnis. Angelus Silesius hat es in seinen Sinnsprüchen, von denen hier drei wiedergegeben seien, in ergreifender Weise formuliert:

> Ich muß Maria sein und Gott aus mir gebären,
> soll er mir ewiglich der Seligkeit gewähren

> Wär' Jesus tausendmal in Bethlehem geboren
> und nicht in dir, du bliebest ewiglich verloren.

> Das Kreuz von Golgatha, es kann dich nicht vom Bösen,
> so es nicht auch in dir wird aufgericht, erlösen.

Die Arbeit, die erforderlich war, um die nathanische Jesus-Wesenheit zur Aufnahme des Christus-Geistes endgültig zuzubereiten, konnte nur von einem besonders fortgeschrittenen Ich übernommen werden. Dieses Ich war, wie wir schon erwähnt haben, in der durch viele Erdenleben herangereiften Entelechie des Zarathustra vorhanden. Wie ein Abglanz dieses damaligen Geschehens kann das oben erwähnte Mühen um die Wandlung der niedern Wesensglieder durch unser Erden-Ich empfunden werden. Es führt uns dadurch unserem mit der Christus-Wesenheit verbundenen höheren Selbst entgegen. Dieses Lebensideal aber ist, als sinngebendes Ziel jeden Erdenlebens erfaßt, zutiefst mit dem *Mysterium des Heiligen Gral* verbunden.

Der Sage nach ist das Gralsgefäß, in dem Joseph von Arimathia das Blut des Erlösers am Kreuz auffing, eine Schale, die aus einem Edelstein geschliffen wurde, welcher der Krone Luzifers bei seinem Sturz auf die Erde entfallen war. Die gefüllte Schale repräsentiert – geisteswissenschaftlich gesehen – «die volle Kraft des Ich», denn «der äußere, physische Ausdruck für das Ich ist das Blut».[43] Dem imaginativen Bild der Gralsschale als dem Mittelpunkt aller Gralsmythen und Überlieferungen von der Gralsritterschaft entspricht eine übersinnliche Wirklichkeit. Rudolf Steiner hat dieses Geheimnis in einem Vortrag am Ostersonntag des Jahres 1909 in Köln enthüllt: «Heute ist die Zeit gekommen, wo diese Geheimnisse verkündet werden dürfen, wenn die Herzen der Menschen sich reif machen lassen durch ein spirituelles Leben, so daß sie sich zum Verständnis erheben können dieses großen Mysteriums.»

Durch das 18jährige Innewohnen des Zarathustra-Ich in der Leiblichkeit Jesu ist eine Art «Abdruck» dieses Ich entstanden. «Sein Ich war zwar aus den drei Hüllen verschwunden, als der Christus darin einzog, aber ein Abbild, ein durch das Christus-Ereignis noch erhöhtes Abbild, ist vorhanden geblieben. In diesem Abbild des Ich des Jesus von Nazareth haben wir etwas, was heute noch vorhanden ist in der geistigen Welt.» Es war die Aufgabe der Bruderschaft des Heiligen Gral, einer «Bruderschaft von Eingeweihten, ganz in der Stille, im tiefen Mysterium» diese Schale, die nach der Sage von Engeln nach dem europäischen Westen gebracht worden war, zu bewahren und zu hüten «bis zum geeigneten Moment der Menschheitsentwicklung».[44]

Diese Zeit ist mit dem Beginn der Epoche der Bewußtseinsseele, also mit dem naturwissenschaftlichen Zeitalter, angebrochen. Denn so, wie

König Artus in die dritte nachatlantische Epoche zurückweist und der verwundete Amfortas mit der Zeit der Verstandes- und Gemütsseele zusammenhängt, darf Parzival als Repräsentant der Bewußtseinsseele aufgefaßt werden. Dieses Zeitalter stellt das menschliche Ich erstmals ganz auf sich selbst in den Freiheitsraum eines von allen instinktiven oder atavistischen geistigen Einflüssen gereinigten Bewußtseins. Seine Beschränkung auf die physische Welt der Sinne war eine Notwendigkeit; aber unser Ich würde in dieser seiner Selbst-Ständigkeit und Isolierung auf die Dauer verkommen, ohne einen bewußten, selbst erarbeiteten Rückbezug zu seiner geistigen Heimat. Es ist berufen, in sein wahres Königtum hineinzuwachsen, dessen Urbild im Gralskönigtum vorliegt. Darauf weist das Evangelium mit den Worten hin: «Und wir werden Könige sein auf Erden» (Offg. V, 10). Zur Erreichung dieses Zieles aber müssen «sich die Seelen zum Verständnis solcher Geheimnisse anfachen lassen durch die Geisteswissenschaft», um reif zu werden, «im Anblick jener heiligen Schale das Mysterium von dem Christus-Ich, von dem ewigen Ich, zu dem jedes Menschen-Ich werden kann, kennenzulernen».[44]

Dabei geht es nicht nur darum, aus der gefüllten Schale gleichsam gespeist zu werden. Mit ihrem Mysterium ist «ein geheimnisvoller okkulter Vorgang» verbunden. Die Gralsschale wurde durch die schöpferische Kraft, die von Golgatha ausstrahlte, «unendlich vervielfältigt: unzählige Abbilder des Ich des Jesus von Nazareth sind erhalten geblieben». Der Geistesforscher scheut sich nicht, in diesem Zusammenhang das Wort «Ich-Kopien» zu gebrauchen. Jeder Mensch ist berufen, ein solches Abbild des Ich des Jesus von Nazareth zu empfangen und sich im wahrsten Sinne des Wortes «einzuverleiben».[44] Diese Möglichkeit ist unlösbar mit dem Sinn der Erdenentwicklung verbunden. Für jeden fragenden Menschen, der eine Beziehung zu Christus sucht und «der den Keim der Parzival-Natur in sich trägt», liegt in der Schatzkammer der Gralsburg eine solche Gralsschale bereit. Im rechten spirituellen Streben «ziehen wir an uns heran, was vorhanden ist von den Kopien des Ich des Jesus von Nazareth. So werden diejenigen, die sich dazu vorbereiten, hineinziehen in ihre Seelen das Abbild des Ich des Jesus von Nazareth. Dadurch, daß sein Inneres wie ein Siegelabdruck ist von dem Ich des Jesus, dadurch wird ein solcher Mensch das Christus-Prinzip in seine Seele aufnehmen.»[44]

Wir stehen vor einem Schöpfungsakt, der mit dem Aufgang der Auferstehungssonne innig verbunden ist. Er muß einbezogen werden in die Erschaffung des «neuen Adam» und dessen Werden im Menschen. Die geschehene Vervielfältigung, eine unerläßliche Grundlage zur Verwirklichung des Grals, ist der Samenbildung im Pflanzenreich vergleichbar und wird beim Blick auf dieses Urgeheimnis der Natur verständlicher. Sie ist ein Ausdruck der Schaffensmacht des Weltenwortes, auf welche das Griechentum mit der Bezeichnung des «Logos spermatikos» – des samenhaften Wortes – hingewiesen hat. Im Anblick dieses Geheimnisses unerschöpflicher Lebensfülle stehen wir vor einem sich erneuernden *Urbeginn saturnischer Prägung* im Bereich des Erdenseins. Wir werden erinnert an jenen bereits angeführten Schöpfungsaugenblick der Differenzierung des alten Saturn-Wärmekörpers zur Ur-Anlage aller Einzelmenschen im Abglanz des Sternenumkreises des Makrokosmos.

Durch die Verwirklichung dieses Mysteriums aber kam sich der Mensch – über zwei Jahrtausende hinweg – unmittelbar verbinden mit der Wesenheit des Jesus von Nazareth und der gewaltigen Ausstrahlung seines Erdenlebens. Durchleuchtet von diesem inneren «Jesus-Werden», erfährt der Empfangende eine Durchgestaltung und innere Krönung seiner Ich-Organisation, ohne welche die Aufnahme des Sonnenfeuers des Auferstandenen im Sinne des «Nicht ich, der Christus in mir» nicht in voller Weise möglich ist; denn der Mensch muß in abgewandelter Form das Urgeschehen der Taufe am Jordan in sich wiederholen und erfahren; dann aber wird der genannte saturnische Urbeginn der Zeitenwende im Weiterwirken zur Lebenswende des heutigen Gralssuchers. Er verwirklicht so das Wort des Dichters: «Ich hebe Dir mein Herz empor, als reine Gralesschale . . .»

Wie aber gelangt der einzelne Gralssucher auf seinem Weg der Nachfolge Christi sicherer und bewußter an das gesteckte Ziel? Denn – es sei nochmals darauf hingewiesen – erst «dadurch, daß sein Inneres wie ein Siegelabdruck ist von dem Ich des Jesu, dadurch wird ein solcher Mensch das Christus-Prinzip in seine Seele aufnehmen» können.

Eine wesentliche Voraussetzung dazu ist, daß der betreffende Mensch im eigenen Innern vollzieht, was das zentrale Geschehen im Leben Jesu gebildet hat: die Vereinigung der Polarität, welche in der nathanischen und salomonischen Generationsströmung nach außen in Erscheinung getreten war. Sie ist in jedem Menschen veranlagt und hängt mit der

Zweiheit unserer zeitlich-sinnlichen und zeitlos-übersinnlichen Natur zusammen. Diese bestimmt unser ganzes Seelenleben. Sie ist einerseits an die Kräfte der Hauptesorganisation gebunden, wo unser Ich-Bewußtsein und Wissen von der Welt in Wachheit aufleuchtet. Andererseits ist sie mit unseren Herzenskräften verwoben, wo in den mehr oder weniger schlafenden Gemüts- und Willenstiefen unsere höhere Wesenheit verankert ist. Die führende «Königskraft» des Hauptes weist in die Vergangenheit unseres Daseins zwischen letztem Tod und neuer Geburt, die ahnende «Hirtenkraft» schöpferischer Liebefähigkeit in die Schicksalsentwicklung der nachtodlichen Zukunft. Die Intelligenzkräfte des Hauptes werden in unserer Zeit immer mehr verdunkelt durch ihre einseitige Bindung an die Nerven-Sinnes-Organisation. Der Mensch ist in Gefahr, die Wirklichkeit seines Ich als individualisierten Geist zu verkennen und zu verleugnen. Die Willenskräfte des Gegenpols aber drohen von den aus der Leiblichkeit aufsteigenden Triebkräften des Blutes in der Egoisierung zu verwildern und zu ersticken.

Die Überwindung dieser Gefahren und die fruchtbare Überbrückung der bestehenden Gegensätzlichkeit ist in zeitgemäßer Weise möglich durch die anthroposophische Geisteswissenschaft, die als ein Erkenntnisweg «das Geistige im Menschen zum Geistigen im Weltall führen möchte».[45] Wer sich auf diesen Weg begibt, vertraut sich dem erwähnten Pfad der Gralsuche an. Er kann sich immer mehr bewußt werden, daß sein Ziel die Durchchristung des ganzen Menschenwesens ist. Diese aber führt zum Ausgleich der uns innewohnenden Zwienatur und damit zum inneren Frieden, wie er den Hirten auf dem Felde in der Ur-Weihenacht verkündigt wurde.

Daß diese Harmonisierung auch das eigentliche Ziel der Menschwerdung auf jenem Erkenntnisweg ist, ergibt sich eindeutig aus der Grundstein-Meditation, auf welche die Neubegründung der Anthroposophischen Gesellschaft bei der Weihnachtstagung 1923 aufgebaut wurde. Dies wird unter anderem ersichtlich, wenn wir auf den Abschluß hinschauen, der die dreigegliederte, weltumspannende Meditation zusammenfaßt. Diese Wortfolge,[46] die unmittelbar im Hinblick auf das Eintreten des Christus-Impulses selbst entstand, sei hier in einer solchen Anordnung wiedergegeben, welche den Zusammenhang mit unserer Thematik hervorhebt.

In der Zeiten-Wende
Trat das Welten-Geistes-Licht
In den irdischen Wesensstrom;
Nachtdunkel hatte ausgewaltet;
Taghelles Licht erstrahlte in Menschenseelen;

Licht, das erwärmet	Göttliches Licht,	Daß gut werde,
Die armen Hirtenherzen;	*Christus-Sonne,*	Was wir aus Herzen gründen,
Licht, das erleuchtet	Erwärme unsere Herzen;	Aus Häuptern
Die weisen Königshäupter.	Erleuchte unsere Häupter;	zielvoll führen wollen.

Vergangenheit	*Gegenwart*	*Zukunft*

Zunächst werden wir in die Vergangenheit geführt. Die äußere Polarität, welche sich als nathanischer und salomonischer Generationsstrom ausbilden mußte, wird in historischem Sinn nochmals ins Bewußtsein gerufen. Aber es erweist sich das Licht, das vom Auferstandenen ausstrahlt, als der einheitliche Quell, der erwärmend und erhellend zugleich die Zweiheit verbindet. Diese hat er ja auch bei der Jordantaufe in der Leibeshülle des Jesus von Nazareth in einheitlicher Form vorgefunden.

Im mittleren Teil der Meditation geschieht ein gewaltiger Umschwung: Die zuvor im eigentlichen Grundsteinspruch dreimal angesprochene «Menschenseele» wendet sich nun unmittelbar an die Christus-Wesenheit, ihre geist-gegenwärtige Wirklichkeit anerkennend und sich mit ihr verbindend. Sie wird sich intensiv bewußt, daß die im ersten Teil berührte *äußere* Polarität in ihr selbst als ein Grundgeheimnis des eigenen Menschseins weiterlebt und als Zweiheit, aber auch als fruchtbares Spannungsfeld für die eigene Weiterentwicklung, der Befruchtung, Belebung und Harmonisierung aus der Kraft der «Christus-Sonne» bedarf. *Die Meditation steigert sich zum Christus-Gebet,* das sich für den Gralssucher als ein wesentliches Mittel erweisen kann, «sicherer und bewußter» die Nachfolge Christi auf seinem Weg des Jesus-Werdens vollziehen zu können.

Die angestrebte Erfüllung seiner Bitte aber, welche zur Erhöhung und harmonischen Vereinigung der Hirten- und Königskräfte als der Großen Konjunktion im Menschen-Innern führt, ist die Voraussetzung einer heilsamen, das gott-gewollte Menschheitsziel erreichenden Zukunft. In ihr kann nur «gut werden», was sich in dem angedeuteten Sinne mit dem Menschheitsgeist verbindet.

Dreimal wird in dem Christus-Gebet die Polarität der mit Herz und

Haupt verbundenen Hirten- und Königskräfte angesprochen und in die einheitliche Lichtquelle gerückt. Diese aber strahlt in der Mitte der dreigegliederten Spruchfolge als Christus-Sonne auf. Der damit zugleich verbundene Gang durch die Zeitenfolge der Vergangenheit über die Gegenwart in die Zukunft betont den mantrischen Charakter dieser Meditation.

Ihre innere Struktur ist unverkennbar verwandt mit dem dreigegliederten, künstlerischen Grundmotiv des ersten Goetheanum-Baues, mit dem wir uns bereits kurz beschäftigt hatten. In ihm sollte außerdem dem von West nach Ost hereintretenden Besucher der im Osten stehende Menschheits-Repräsentant entgegenschreiten. Wir können das dreigegliederte Bau-Motiv, den dreigegliederten Grundstein-Schlußspruch und die dreifache Große Konjunktion am Sternenhimmel als innerlich verwandt empfinden, ohne sie in abstraktem Sinne parallelisieren zu wollen. Diese Phänomene sind der Abglanz eines göttlichen Urbildes im Devachan, das sich in verschiedenen Daseinsebenen zu wandeln und zu manifestieren vermag. Da das Sonnen-Motiv jeweils der Mittelpunkt seiner geschilderten drei Erscheinungsformen ist, darf es innerlich verwandt gedacht werden mit dem Gral-Motiv. Es ist wesenhaft mit ihm verbunden. Das Geheimnis dieses Urbildes ist in der Gralsschale, dem Siegelabdruck des Jesus-Ich, auskristallisiert und durch die dreijährige Innewohnung des Sonnengeistes in den Leibeshüllen Jesu noch «erhöht», also zu einer letzten Vollendung geführt.

Wer im Sinne des Abschluß-Mantrams der Grundstein-Meditation den darin aufgezeigten Schritt von der Meditation zum Christus-Gebet immer wieder in innerster Anteilnahme vollzieht, nähert sich Schritt für Schritt der «heiligen Schale». Die auf die Menschheit herabblickenden Geisteswesen erwarten solche Schritte, die aktiv aus Einsicht und Freiheit getan werden. Denn: «*da* ist es, dieses Geheimnis – herbei nur sollen sich die Menschen rufen lassen durch die Geisteswissenschaft, dieses Geheimnis als Tatsache zu verstehen, um das Christus-Ich im Anblick des Heiligen Grals zu empfangen. Dazu braucht man das, was geschehen ist, zu verstehen als Tatsache, es hinzunehmen als Tatsache . . ., dann wird sich das Christus-Ich immer mehr in die Seelen ergießen.»[44]

XII

Der 854jährige Konjunktionsrhythmus

Vom Urbild der salomonischen Generationenfolge

Das alte Hebräertum hat sich zu Recht als ein auserwähltes Volk empfunden im Hinblick auf die Erwartung des Messias. Es war welthistorisch dazu berufen, die völkische und leibliche Grundlage für den sich mit einem Menschen verbindenden Gottesgeist zuzubereiten und so die Inkarnation des Logos zu ermöglichen. Hierin liegt die Ursache für die starke Gebundenheit an die Vererbungskräfte und für die strenge Pflege der Reinerhaltung des durch die Generationen ziehenden Blutstromes. Moses befestigte durch seine Gesetzgebung zusätzlich diese Ordnung. Da die Gesetzmäßigkeiten der Fortpflanzung an die Mondensphäre gebunden sind, worauf bereits hingewiesen wurde, hat die Verehrung Jahwes als einer Mondengottheit ihren tiefen Sinn. Jahwe «wurde zugleich als der Volksgeist erlebt und als diejenige Wesenheit, die von Generation zu Generation fließt, die sich im Volksbewußtsein im Einzelmenschen, durch einzelne Menschen hindurch offenbart»[47] und so zu ihrem stammesgebundenen Gottesbewußtsein geführt hat.

In diesem Zusammenhang muß auch die Tatsache gesehen werden, daß in den Evangelien so ausführlich auf den Stammbaum Jesu eingegangen und der leibliche Ursprung des Messias lückenlos bis zum Stammvater Abraham zurückverfolgt wird.

Die Verschiedenheit der im Matthäus- und Lukas-Evangelium angeführten Stammbäume kann deshalb auch nicht als Zufälligkeit oder Ungenauigkeit aufgefaßt werden, sondern ist als Tatbestand ernstzunehmen. Dieser wird dann zum sachlichen Ausgangspunkt, der zur Entdeckung des Geheimnisses der zwei Jesusknaben führt im Sinne der polaren lukanischen und salomonischen Generationsfolge. Auf ihre Verschiedenheit ist Rudolf Steiner in dem Vortragszyklus über das Matthäus-Evangelium ausführlich eingegangen. Dort wird auf die göttliche Verheißung hingewiesen, welche Abraham bekommen hatte mit den Worten: ««Deine Nachkommen sollen geordnet sein wie die Sterne am Himmel!» ... Das ist die richtige Auslegung des Satzes, der gewöhnlich

heißt: ‹Deine Nachkommen sollen zahlreich sein wie die Sterne am
Himmel!›, womit nur die Vielzahl der Nachkommenschaft angedeutet
wird . . . Mit anderen Worten: In der Nachkommenschaft des Abraham
mußte etwas sein, was in der Generationenfolge, in der Blutsverwandt-
schaft, ein Spiegelbild dessen war, was Sternenschrift im Kosmos ist.»
Dabei ist konkret zu denken an die «Stellung der Wandelsterne, der
Planeten zum Tierkreis». Das «Verhältnis der Planeten zu den zwölf
Tierkreiszeichen . . . mußte sich ausdrücken in der Blutsverwandtschaft,
in der Nachkommenschaft des Abraham. So haben wir in den zwölf
Stämmen Jakobs, in den zwölf Stämmen des jüdischen Volkes die
Abbilder der zwölf Zeichen des Tierkreises.» Als ein weiteres Beispiel
bringt Rudolf Steiner den Zusammenhang zwischen «David, dem königlichen Sänger . . . mit Hermes oder Merkur», und er führt aus, daß
dessen Hineingestelltsein in den Stamm Juda, der «dem Sternbild des
Löwen entspricht in der Geschichte des hebräischen Volkes», dem
gleichkommt, «was im Kosmos das Bedecken des Sternbildes des Löwen
durch Merkur wäre. So kann man lesen an allen Einzelheiten in der
Blutfolge, in dem merkwürdigen Übertragen der Königs- oder Priester-
würde, in den Kämpfen oder Siegen des einen oder anderen Stammes, in
der ganzen hebräischen Geschichte, was die Bedeckung der einzelnen
Sternbilder draußen im Weltenraume ist. Das lag in dem bedeutsamen
Wort: ‹Deine Nachkommen sollen geordnet sein wie die Harmonie der
Sterne am Himmel.›»

Es wird dann geschildert, daß dieses Wort insbesondere gilt für die
sechs mal sieben, das sind 42 Generationen, welche den Erbstrom von
Abraham bis auf Joseph bilden, um in der Geburt des Jesus aus der
salomonischen Linie zu gipfeln. «Das war erlangt worden, daß mit den
Letzten in der Generationsfolge eine Blutmischung zustande gekommen
war, die sich nach den Gesetzen der Sternenwelt, der heiligen Mysterien
vollzogen hatte . . . So war die Blutmischung, die Zarathustra vorfand,
ein Abbild des ganzen Kosmos. Dieses Blut, was da durch Generationen
hindurch gebildet wurde, war so gemischt, wie die Ordnungen des
Kosmos geregelt sind.»[47]

Rudolf Steiner weist zugleich auf das «geisteswissenschaftliche
Gesetz» hin, «daß der Einfluß der Vererbung erst wirklich aufhört,
wenn man durch 42 Stufen hindurch in der Ahnenreihe aufsteigt . . ., da
verliert sich der Einfluß der Vererbung». Dieses Geheimnis wußten die

Essäer und bauten darauf ihren inneren, mystischen Schulungsweg auf. Denn «immer weniger hat man von dem in sich, was durch Vererbung an Verunreinigungen des inneren Wesens entstanden ist, je weiter man in der Ahnenreihe aufsteigt, und nichts mehr hat man, wenn man durch 42 Generationen hindurch aufsteigt . . . So stieg der Essäer hinauf durch 42 Stufen so weit, daß er seine innerste Wesenheit, den Zentralkern seines Wesens, verwandt fühlte mit dem Göttlich-Geistigen.» Aber es gilt auch das Umgekehrte: «Braucht der Mensch 42 Stufen, um zu dem Gotte hinaufzusteigen, so braucht der Gott 42 Stufen, um herunterzusteigen, um Mensch unter Menschen zu werden.» Mit dem «Beginn der 43. Generation . . . war durch die Erfüllung des Zahlengeheimnisses alles geschehen, was der Zarathustra-Seele in dem Jesus von Nazareth den angemessensten Leib, das angemessenste Blut geben konnte.»[48] Diese Zahlengeheimnisse urständen in den Sternen und ihre Widerspiegelung im irdisch-menschlichen Bereich ist ein Ausdruck der «kosmischen Tätigkeit der Elohim» und «geschaffen durch den Geist des Weltendaseins». – Deshalb darf nunmehr die Frage aufgeworfen werden: In welchen planetarischen Rhythmen und deren Verhältnis zur Zwölfheit des Tierkreises kann der Ursprung der Sternenordnung in der Generationenfolge gefunden werden?

Im Sinne unserer Auffassung des inneren Zusammenhangs der Zarathustra-Wesenheit mit der Jupitersphäre ist es naheliegend, auf diesen Planeten hinzuschauen. Dabei muß aber auch bedacht werden, daß sich das Ergebnis des salomonischen Erbstroms über das Zarathustra-Ich mit der Erbfolge der nathanischen Linie verbinden sollte, in deren elf mal sieben Generationen ebenfalls umfassende kosmische Gesetze walten. Wir hatten auf die besondere Beziehung der nathanischen Wesenheit zu den Saturnkräften bereits hingewiesen. So werden wir veranlaßt, auf den Rhythmengang der Verbindung der Jupiter- und Saturnkräfte, also den Gang der Großen Konjunktionen beider Planeten durch die Jahrhunderte und – räumlich gesehen – durch das Rund der Tierkreisbilder erneut hinzublicken.

Wir haben eingangs dieser Schrift bereits erläutert (s. S. 40), daß sich der Ort der Großen Konjunktion, die sich alle 60 Jahre im gleichen Sternbild wiederholt, jeweils um etwas mehr als 8 Grad in Richtung des jährlichen Sonnenlaufs (von West nach Ost) im Tierkreis verschiebt. Deshalb findet diese Konstellation nach drei- bis viermaliger Wiederholung im nächsten Sternbild statt. Dies gilt selbstverständlich für alle drei Konjunktionsstellen von Jupiter und Saturn, welche das früher beschriebene Trigon der Großen Konjunktionen im Tierkreis bilden. Dieses Dreieck verschiebt sich als Ganzes durch den Zodiakus und leuchtet nach rund 200 Jahren in immer neuen Sternbildern auf (s. Figur 2, S. 40). Das Trigon nimmt also laufend eine andere Stellung im Tierkreis ein.

Erst wenn jede Konjunktionsstelle des Trigons vier Sternbilder durchlaufen bzw. sich um 120 Grad weiterbewegt hat, wird die gleiche Ausgangslage wieder erreicht. Dann hat ein Spitzenaustausch des planetarischen Dreiecks stattgefunden: die Trigonspitze B ist nach A gewandert, und Punkt A hat sich nach C verschoben usw. Es vollendet sich ein großer umfassender Rhythmus der Großen Konjunktionen, der als wesentlich aufgefaßt werden darf. Denn zum ersten Mal haben die Großen Konjunktionen alle Sternbilder durchlaufen und das ganze Tierkreisrund ausgefüllt. Dieses wurde von einem wundersamen Sternengeflecht durchwoben, in das unsere Erde eingebettet ist. Es entsteht aus der Wanderung des Trigons und vollendet sich in rund 854 Jahren (s. Figur 11).

In diesem Zeitraum ereignen sich 43 Große Konjunktionen. Mit anderen Worten: Nach jeweils 854 (19,86 mal 43 = 853,98) Jahren wiederholt sich erstmals die Große Konjunktion fast genau an der gleichen Stelle des betreffenden Sternbildes.[49] Zwischen der ersten Großen Konjunktion bei A (in Figur 11 mit 0 gekennzeichnet) und der 44. am gleichen Sternenort, mit der ein neuer Rhythmus beginnt, verteilen sich 42 Jupiter-Saturn-Begegnungen über den Tierkreis. Nach der 43. Konjunktion springt diese gleichsam in ihre Ausgangslage zurück.

Stoßen wir hier nicht auf ein kosmisches Ordnungsprinzip, das sich in den 42 Generationen der salomonischen Erbfolge spiegelt? Diese Auffassung findet eine Bestätigung, wenn wir berücksichtigen, daß Matthäus nach der Aufzählung aller 42 Generationen deren Untergliederung in dreimal vierzehn Gruppen besonders hervorhebt: «Alle Glieder von Abraham bis auf David sind vierzehn Glieder. Von David bis auf die babylonische Gefangenschaft sind vierzehn Glieder. Von der babylonischen Gefangenschaft bis auf Christus sind vierzehn Glieder» (Matth. 1, 17). Dieser Dreigliederung liegt – geisteswissenschaftlich gesehen – ein tiefer Sinn zugrunde. Während der ersten vierzehn Generationen wurde vor allem «der physische Leib, während der zweiten vierzehn Generatio-

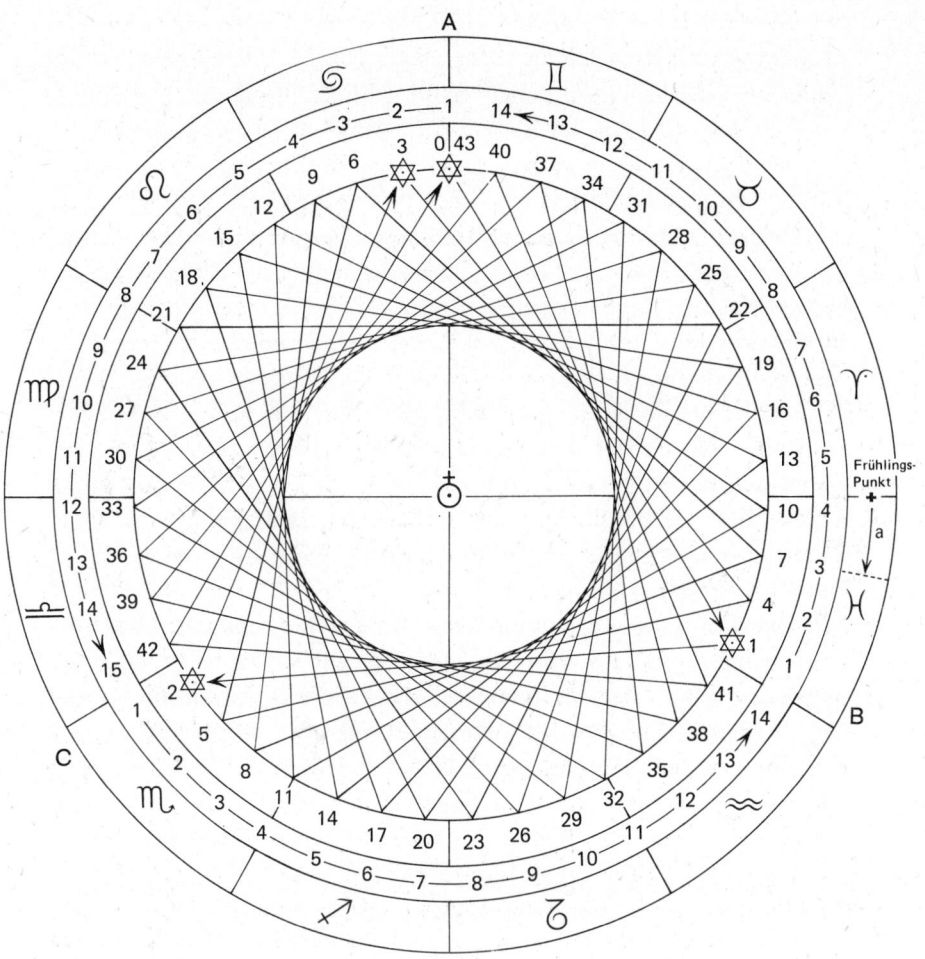

Figur 11: Die Wanderung des Trigons der Großen Konjunktionen durch den Tierkreis im Rhythmus von 854 Jahren. An den Ziffern im inneren Kreis ist die trigonale Folge der 43 Konjunktionsorte im 20jährigen Rhythmus abzulesen. Die Ziffern im äußern Kreis (1–14/15) kennzeichnen die Wanderung der drei Trigonspitzen A, B, C im 60jährigen Rhythmus durch die dazugehörenden vier Sternbilder. Man beachte das im Dreierschritt des 854jährigen Rhythmus sich vollendende Sternengeflecht im Rund des Tierkreises.

nen der Ätherleib» und in den «dritten vierzehn Generationen seit der babylonischen Gefangenschaft der astralische Leib»[11] ausgebildet. In ähnlicher Weise haben wir es bei dem 854jährigen Rhythmus, ausgehend von den drei Punkten des Trigons, mit jeweils drei Gruppen von 14 Großen Konjunktionen zu tun, welche den Tierkreis durchlaufen.

Diese Gruppen bilden auch noch in einer anderen Hinsicht eine relative Einheit. Gemäß der alten Sternenweisheit werden die Qualitäten der «vier Elemente» in regelmäßiger Ordnung den Tierkreisbildern zugeordnet. Es folgt danach – beim Sternbild Widder beginnend – jeweils ein Feuer-, Erd-, Luft- und Wasserzeichen aufeinander in dreifacher Wiederholung. Dadurch bilden drei Sternbilder im gleichen Winkelabstand von 120 Grad zusammen ein Trigon gleicher Qualität. Wir erinnern z. B. an das «feurige Triangel», in dem Kepler die Große Konjunktion erlebt hat. Es handelt sich dabei um den ätherischen Aspekt der Tierkreisbilder, die im geisteswissenschaftlichen Sinne jeweils einer bestimmten Ätherart, also dem Wärme-, Lebens-, Licht- und Klangäther zuzuordnen sind.

In dem 854jährigen Rhythmus kann also jede Konjunktionsgruppe im Durchgang durch ihre vier Tierkreisbilder mit deren vier Ätherarten physisch zur Wirksamkeit kommen. Dies ist bedeutsam; denn «bei der Persönlichkeit, von der das Matthäus-Evangelium zunächst erzählt», kam es vor allen Dingen darauf an, den physischen Leib und den Ätherleib in einer besonderen Weise auszubilden. «Alles, was sich bezieht auf physischen Leib und Ätherleib, ist dadurch für die Evolution der Menschheit zubereitet gewesen.»[11]

Um Mißverständnissen vorzubeugen, sei noch bemerkt, daß es sich nicht um eine unmittelbare Parallelisierung der im Abstand von 20 Jahren aufeinander folgenden Großen Konjunktionen mit den einzelnen Generationsgliedern auf der Erde handeln kann; denn die 42 Generationen des Stammbaums Jesu von Abraham bis zur Zeitenwende umspannen etwa 18 Jahrhunderte, also weit mehr als 854 Jahre. Es handelt sich hier vielmehr um ein urbildhaftes, von höheren Gesetzmäßigkeiten durchdrungenes Geschehen, das einerseits die Sternenordnung durchdringt und andererseits im Rhythmus des Stromes der Generationen sich auswirkt. Das Zusammenwirken beider Seinsebenen unterliegt komplizierten Transformationsprozessen, deren Aufklärung der Zukunft vorbehalten bleiben muß.

Aber wir hoffen, daß der Leser trotz vieler offenbleibender Fragen den Eindruck gewonnen hat, daß der Schleier ein wenig gelüftet werden konnte in die Richtung einer Sternenordnung, welche die «Blutmischung, die Zarathustra vorfand», zu einem «Abbild des ganzen Kosmos» machte. Denn «in dieser Blutmischung, welche die Zarathustra-Individualität brauchte, um das große Werk auszuführen, war eine innere Ordnung, eine Harmonie, die einer der schönsten, der bedeutsamsten Ordnungen des Sternensystems entsprach».[47]

Die in den vorangegangenen Kapiteln bereits aufgedeckten Sternenrhythmen von Jupiter und Saturn, welche das Leben Jesu Christi gliedern, bilden demnach eine metamorphosierte Fortsetzung und Krönung desjenigen Sternenwirkens, das bereits durch Jahrhunderte hindurch bildend in den Ablauf der salomonischen Generationsfolge hinein wirkte. Was sich in ihr, Schritt für Schritt fortpflanzend, entwickelte, blühte im Leben Jesu auf. Dieses und das Lebensband der 42 Generationen bilden eine höhere, von Sternengesetzen durchwirkte Einheit.

In einem solchen Lichte kann auch das Sternenwissen der Drei Heiligen Könige noch anders gesehen werden. In einem nur unvollkommen nachgeschriebenen und daher nicht veröffentlichten Vortrag erwähnt Rudolf Steiner folgendes: «Zarathustra kam wieder als Nazarathos oder Zarathas und begründete eine Schule, wo er die Zeichen lehrte, die am Himmel geschehen mußten, wenn der Christus auf die Erde kommen sollte. Aus dieser Schule gingen die drei Weisen aus dem Morgenlande hervor.»[50] Diese Sätze bestätigen erneut, daß sie gerade auch auf den *äußeren* Sternengang und seine «Zeichen» achteten, um den Zeitpunkt der Geburt Jesu zu erfahren. Was aber hat Zarathas damals im 6. Jahrhundert vor der Zeitenwende gelehrt? Die Generationsfolge im jüdischen Volk, welche die Leibeshülle seiner eigenen entscheidenden Inkarnation heranbilden sollte, war bereits seit über 1000 Jahren im Sinne der obwaltenden Sternengesetze in Vorbereitung. Sollte er diese Gesetze als einer der höchsten Eingeweihten nicht genau gekannt haben? Es scheint berechtigt, anzunehmen, daß Zarathas seine Schüler bereits damals auf die Besonderheit des rhythmologischen Geschehens des obersonnigen Planetenpaares hingewiesen hat, also vor ihren Augen sinnlich-übersinnlich jenen Sechsstern höherer Ordnung erstehen ließ, welcher das Leitmotiv unserer Darstellung ist. Ist doch historisch bezeugt, daß schon die Chaldäer den 854jährigen Rhythmus kannten und wußten, daß sich Saturn und Jupiter nach diesem Zeitraum wieder am gleichen Himmelsort zusammenfinden.

So gesehen, standen die drei Sternenweisen zur Zeitenwende also nicht unvorbereitet und überrascht beim Anblick der dreifachen Konjunktion im Jahre 7 v. Chr. vor einer Himmelserscheinung, die nach einer Deutung verlangte. Diese Konstellation ging vielmehr in höchster Steigerung aus einem Sternengeschehen des 854jährigen Rhythmus hervor, den die drei Sternenweisen schon längst verfolgt haben mochten, weil sie seine Bedeutung für die Vorbereitung der Geburt ihres erwarteten Meisters kannten.

Nochmals aufblickend zu der übergeordneten «bedeutsamsten Ordnung des Sternensystems», sei abschließend bemerkt, daß das Trigon der Großen Konjunktion für eine totale Wanderung durch den Tierkreis 2621 Jahre benötigt. Erst nach dieser Zeit erreicht das Begegnungsdreieck von Saturn und Jupiter seine ursprüngliche Stellung wieder und vollendet – durch die dazugehörigen Oppositionen zum Sternenhexagramm ergänzt – seinen majestätischen Rundgang durch den Kosmos.[51] In der regelmäßigen Kette der großen Begegnungen blitzen dabei die dreifachen Konjunktionen wie seltene Edelsteine auf und gemahnen den Sternenfreund daran, den zentralen Lichtquell des Ganzen nicht zu vergessen, der zu diesem besonderen Aufleuchten führt.

XIII

Die Entwicklungsphasen des Wesens ‹Philosophia›

Der 800jährige Konjunktionsrhythmus

Die abendländische Bewußtseinsentwicklung wird innerlich bestimmt von der Ablösung des uralten Bilderbewußtseins durch die Entfaltung des bildlosen Denkens. Seine Wiege ist im alten Griechenland zu suchen. In dem umfangreichen Werk «Die Rätsel der Philosophie» hat Rudolf Steiner ihre Geschichte im Umriß dargestellt. Er war berufen, an der Schwelle des 20. Jahrhunderts den Weg zur Spiritualisierung des Denkens zu zeigen und dessen Einmündung in einen zeitgemäßen Schulungsweg zur Umwandlung und Erweiterung des naturwissenschaftlichen Bewußtseins darzulegen. Deshalb war es ihm ein wesentliches Anliegen, diesen Überblick über mehr als zwei Jahrtausende zu schaffen. So kam es 1914 – trotz der Fülle der Arbeit – zur Erweiterung der 1901 erschienenen Schrift «Welt- und Lebensanschauungen im neunzehnten Jahrhundert» in Gestalt der «Rätsel der Philosophie». Die Drucklegung fiel mit dem Ausbruch des Ersten Weltkrieges zusammen. Mit diesem so erweiterten Werk war zugleich ein einzigartiger Brückenschlag geschaffen von den Fundamenten der erkenntnistheoretischen Arbeit Rudolf Steiners Ende des 19. Jahrhunderts bis zur Begründungsphase der Geisteswissenschaft in Form der Anthroposophie. Er findet seinen entsprechenden Ausdruck in dem neu hinzugekommenen Abschlußkapitel «Skizzenhaft dargestellter Ausblick auf eine Anthroposophie».

Dem großen Werk geht eine zwölf Seiten umfassende Einführung «Zur Orientierung über die Leitlinien der Darstellung» voraus. In ihnen sieht sich «der Verfasser des Buches» genötigt, das «Ergebnis seiner Betrachtungen . . . als eine vorläufige Mitteilung vorangehen zu lassen, weil es für die Art der Darstellung maßgebend» war. Er deckte auf, «daß der Entwicklungslauf des philosophischen Menschheitsstrebens Epochen unterscheiden läßt, deren jede eine Länge von sieben bis acht Jahrhunderten hat . . . Er mußte die Unterschiede dieser Epochen so charakteristisch ausgedrückt finden, wie man die Unterschiede der Arten eines Naturreiches findet . . . In jeder dieser vier Epochen waltet unter der Oberfläche der äußeren Geschichte ein anderer geistiger Impuls, der gewissermaßen in die menschlichen Persönlichkeiten einstrahlt und der mit seiner eigenen Fortentwicklung diejenige des menschlichen Philosophierens bewirkt. Wie die Tatsachen für die Unterscheidung dieser Epochen sprechen, das soll sich aus dem vorliegenden Buche ergeben.»[52] Die vier Epochen werden dann abgegrenzt und kurz geschildert.

Ein halbes Jahr später, am 10. Januar 1915 greift Rudolf Steiner in dem Vortrag «Die Wahrnehmung des Gedankenwesens – Sonnenwirksamkeit in der Erdenentwicklung»[53] auf diese Darstellung zurück und deckt in eingehender und differenzierter Weise die okkulten Hintergründe dieser Epochen auf. Die darin wirksamen, «von den Menschen ganz unabhängigen geistigen Impulse» erweisen sich als Ausdruck der Arbeit lebendiger, hoher geistiger Wesenheiten. Diese schaffen ihrerseits die Voraussetzung zur gesetzmäßigen, rhythmisch gegliederten Entwicklung eines erhabenen Wesens der ‹Philosophia› von uns unbekanntem hierarchischem Rang.

Im folgenden soll der Versuch unternommen werden zu zeigen, inwiefern für die rhythmische Folge, die Länge und den jeweiligen Beginn der geschilderten philosophischen Entwicklungsepochen, der Ursprung im Kräftewirken der Rhythmen der Großen Konjunktion aufzufinden ist. Bevor auf Einzelheiten eingegangen werden kann, scheint es notwendig, anhand der von Rudolf Steiner gegebenen Skizze kurz Beginn und Eigenart der vier zur Rede stehenden Entwicklungsepochen zu erwähnen. In der ersten Epoche, die «vom Jahre 800, das ist rund genommen, oder 600 v. Chr. bis zu Christi Geburt . . .» dauert, sind die Philosophen «Gedankenwahrnehmer. Sie blicken gleichsam in die Welt hinein und nehmen die Gedanken, die sie uns erzählen in ihren Philosophien, so wahr, wie man eine Symphonie wahrnimmt.» In der zweiten Epoche «ist, man möchte sagen, etwas ausgeflossen von Christus selber, was den ersten Antrieb, Gedanken von innen heraus zu erzeugen, in den Menschen hervorbringt». Es scheint bedeutsam, daß dieser Umschwung exakt mit der Zeitenwende zusammenfällt, während das Ende der «patristischen Philosophie» bis etwa 800 bis 900 Jahre nach Christus, also bis in die Zeit des Johannes Scotus Erigena, angesetzt wird. Erst danach, in der dritten Epoche, werden «die Begriffe im Innern erzeugt», und es entsteht die Möglichkeit zum Zweifeln im Zusammenhang mit dem «Gewahrwerden der Subjektivität der Gedanken».[53] Die vierte Entwicklungsperiode, die sich ab 1600 mit den Gedankengebäuden Giordano Bruno, Spinoza, Leibniz und anderen manifestiert, schreitet zum «freien Walten des Gedankens im Innern»[53] vor. In ihr stehen wir noch mitten darinnen.

Bei der Suche nach dem Ursprung der skizzierten rund 800jährigen Entwicklungsphasen muß unser Blick nochmals auf den im vorangegangenen Kapitel geschilderten 854jährigen Rhythmus der Großen Konjunktionen fallen. Rein zeitlich gesehen ist diese Periode zu lang, um mit den 800jährigen Epochen der Philosophiegeschichte übereinstimmen zu können. Denn nach vier Perioden würde sich bereits eine Verzögerung von über 200 Jahren ergeben!

Um Klarheit zu bekommen, müssen wir berücksichtigen, daß die Inspirationsimpulse für die Kultur- und Bewußtseinsentwicklung der Menschheit mit dem Frühlingspunkt und seiner Wanderung durch den Tierkreis zusammenhängen. Seine Stellung in einem bestimmten Sternbild inauguriert im Rahmen des platonischen Weltenjahres die betreffende Kulturepoche. Wir sprechen deshalb von jeweils etwa 2160 Jahren, die ein Widder-, Fische- oder Wassermann-Zeitalter umfassen. Der Frühlingspunkt rückt sehr langsam von Ost nach West, also in entgegengesetzter Richtung zur jährlichen Sonnen- und Planetenbewegung, durch das jeweilige Sternbild weiter. Damit bewegt er sich aber zugleich den Konjunktionsorten der Wandelsterne Saturn und Jupiter, also der jeweilig nächstliegenden Spitze ihres Trigons, entgegen. Die Verschiebung ist von Bedeutung, denn der Betrag von einem Grad in 72 Jahren summiert sich in 800 Jahren zu mehr als 11 Grad, was mehr als ein Drittel der durchschnittlichen Länge eines Sternbildes ausmacht (s. Figur 11, Frühlingspunkt, Strecke a). Deshalb kommt es im Verhältnis zum Frühlingspunkt zu einer Verkürzung des 854jährigen Konjunktionsrhythmus. In der Tat erreicht die Spitze des Trigons bereits alle 797 Jahre den ihr entgegenkommenden Schnittpunkt zwischen Himmelsäquator und Ekliptik![54] Dieser Zeitraum umfaßt 40 Große Konjunktionen. Also fast genau nach jeweils 800 Jahren – und nur dann – können die Großen Konjunktionen im Frühlingspunkt selbst oder in seiner unmittelbaren Nähe stattfinden. Der Impuls zum Eintritt in eine neue 800jährige Konjunktionsperiode ist damit gegeben. Aber inwiefern kann dieser Zeitpunkt zugleich als Beginn einer neuen philosophischen Epoche gelten? Hat der Wandelgang von Jupiter und Saturn im besonderen mit der Entwicklung der Philosophie etwas zu tun?

Zur Beantwortung dieser Fragen haben wir in dieser Schrift bereits einige Voraussetzungen geschaffen durch die kosmologische Betrachtung über die wichtigsten Entwicklungsphasen im Leben Jesu. Wir lernten die Kräfte der Jupitersphäre kennen, welche im menschlichen Organismus die leibliche Grundlage der Denkfähigkeit in Gestalt des Nervensystems zubereiten und das menschliche Gehirn «astralisch durchorganisieren . . . Jupiter hat es vorzugsweise mit dem menschlichen Denken zu tun . . ., was da in unserem astralischen Leib wirkt und was zunächst überhaupt unser Denken stark macht, das ist Jupiter-Wirkung.»[36] Es ist wohl kaum erforderlich zu erwähnen, daß beim Philosophieren das Gehirn als leibliches Instrument für das Denken in einer ganz besonderen Weise gebraucht wird und in der Philosophiegeschichte die Entwicklung und der Reifezustand menschlichen Denkens am reinsten abzulesen ist.

Für den späteren Gebrauch des Gehirns als Grundlage des Denkens ist seine Differenzierung und Ausreifung in den ersten zwölf Lebensjahren besonders wichtig. Wir haben bereits dargelegt, daß dieser Zeitraum mit der Umlaufszeit Jupiters korrespondiert und der Planet in dieser Zeit besonders tief einwirken muß. Deshalb spielt die Stellung Jupiters in seinem siderischen Umlauf in bezug zum Geburtszeitpunkt eine große Rolle, was hier noch ausführlicher betrachtet werden soll. «Bedenken Sie, daß dadurch, daß der Mensch also in den Kosmos eingegliedert ist, es etwas anderes ist, ob der Mensch auf einem Punkt der Erde steht und – sagen wir – es glänzt Jupiter vom Himmel, oder der Mensch steht hier auf der Erde und Jupiter ist von der Erde zugedeckt. Die Wirkungen auf den Menschen in dem einen Fall sind direkt, die Wirkungen in dem anderen Falle sind so, daß die Erde sich dazwischen stellt. Das gibt einen bedeutsamen Unterschied.»

Für eine Individualität, welche in einer bestimmten Verkörperung besonders die Denkkräfte zu entfalten hat, um ihrer eigenen Entwicklung und mit dieser dem Fortschritt der Menschheit zu dienen, ist daher der Stand Jupiters von besonderer Bedeutung. Dies dürfte besonders für philosophisch veranlagte Naturen gelten. «Nehmen Sie an, ein Mensch habe aus seiner früheren Inkarnation solche Kräfte in sich, welche sein Denken prädestinieren in dem Erdenleben, das er nun antreten soll, besonders ausgebildet zu sein, dann schickt er sich an, auf die Erde herunter zu kommen: er wählt sich, da ja der Jupiter seine bestimmte Umlaufszeit hat, die Zeit – in der er auf der Erde erscheint, in der er auf der Erde geboren werden soll – so, daß der Jupiter direkt die Strahlen zusendet. Auf diese Weise gibt die Sternkonstellation dasjenige ab, in das der Mensch sich hineingeboren werden läßt nach den Bedingungen seiner früheren Erdenleben.»[36]

Bei der genaueren Durcharbeitung der angeführten Vortragsstelle ergibt sich, daß mit der «direkten» Bestrahlung Jupiters oder dem «Zugedecktwerden» durch die Erde nicht nur das tägliche Kreisen Jupiters über und unter dem Horizont gemeint sein kann. Es handelt sich vor allem um die in zwölf Jahren wechselnde Stellung Jupiters im Tierkreis und den sich daraus ergebenden Bezug zur Erde, wie wir ihn von dem jährlichen Umlauf der Sonne her kennen. Steht Jupiter zum Beispiel im Skorpion, so gleicht sein Erscheinungsbild dem der November-Sonne. Er strahlt uns über dem Horizont sein direktes Licht nur etwa neun Stunden täglich zu und wird von der Erde 15 Stunden lang «zugedeckt». Im nächsten Jahr dauert diese sich Tag für Tag wiederholende «Jupiter-Nacht», die natürlich nicht mit unserer täglichen Nacht parallel geht, im Sternbild Schütze noch länger.

Durchwandert Jupiter aber einige Jahre später die Sternbilder Widder, Stier und Zwillinge, so ist die Situation umgekehrt. Jupiter steht Tag für Tag immer länger über dem Horizont und strahlt uns Jahr für Jahr mehr Licht zu. Es ist im Rahmen des siderischen Umlaufs gleichsam «Jupiter-Sommer». In der Arktis hat Jupiter dann eine Zone ununterbrochener Strahlung über der nördlichen Halbkugel der Erde aufgebaut. Er steht – wie die Sonne um Mitternacht – nicht nur einige Monate, sondern einige Jahre ununterbrochen über dem Horizont. Auf eine solche Phase des Jupiter-Umlaufs deutet Rudolf Steiner mit den Worten hin: «Nehmen wir an, da wo das menschliche physische Denkorgan in seiner vorzugsweisen Entfaltung ist, da erlebt der Mensch, also bald nach seiner Geburt, von seiner Geburt aus erlebt der Mensch es, daß Jupiter ihm zuglänzt seine Wirksamkeit. Der Mensch bekommt die direkte Jupiter-Wirkung. Sein Gehirn wird ganz besonders zum Denkorgan umgestaltet: er bekommt eine gewisse Anlage zum Denken.» Für den Stand Jupiters in den entgegengesetzten Sternbildern gilt das Gegenteil, da «die Jupiter-Wirkungen durch die Erde gehindert sind: sein Gehirn wird wenig umgestaltet zum Denkorgan . . . das Denken tritt zurück. Dazwischen liegen alle möglichen Grade.»[36] Es wäre eine interessante Aufgabe, unter diesen Gesichtspunkten die Horoskope der großen Denker der Menschheit auf ihre Jupiter-Stellungen hin durchzuarbeiten. Für die in dieser Schrift gestellte Aufgabe aber ist die angeführte Stelle Grund genug, bei der kosmologischen Untersuchung der Philosophie-Epochen den Gang Jupiters näher ins Auge zu fassen.

Aber auch der bereits angeführte Vortrag vom 10. 1. 1915 weist uns zur Jupitersphäre! Die gesamte Entwicklung des menschlichen Denkens, wie sie sich in der Geschichte der Philosophie spiegelt, wird dort als Ausdruck «alter Sonnenwirksamkeit» bezeichnet, die in der Gegenwart weiterwirkt. Wesensmäßig gesehen seien es die ‹Geister der Weisheit›, welche ihre frühere, während der alten Sonnenstufe ausgeübte Schöpfertätigkeit fortsetzen: «Die Gesetze, die dazumal sich abgespielt haben zwischen den Geistern der Weisheit und den Erzengeln, treten in dem philosophischen Weisheitsstreben auf der Erde wiederum zutage.»[53]

Die kosmische Region der Kyriotetes ist aber die Jupitersphäre, so wie die Throne in der Saturnsphäre zu Hause sind. Zudem gibt die *Bahn* des heutigen Jupiter die Größe des *alten* Sonnenplaneten an. Jupiter ist gleichsam das kosmische Denkmal der früheren Sonnenstufe, die uns mit dem Ätherleib beschenkte, der noch heute mit seinem weisheitsvollen Weben einen ganz besonderen Bezug zur Gedankenbildung hat. Dies geht auch aus folgenden Worten Rudolf Steiners hervor: «Der Jupiter ist der Denker unseres Planetensystems, und das Denken ist vorzüglich dasjenige, was alle Wesenheiten pflegen, die sozusagen in seinem Weltterrain vereinigt sind. Schöpferische und empfangene Gedanken des Universums strahlen uns vom Jupiter zu. Der Jupiter enthält in Gedankenform alle die Bildungskräfte für die verschiedenen Wesen des Universums . . . Die Wesen des Jupiter sind gerade die Helfer des Menschlichen für die menschliche Weisheitsentfaltung. Und derjenige, der sich so recht angestrengt hat, um in klarem Denken zu entwickeln irgendwelche Rätselfrage des Daseins, und nicht auf ihren Grund kommen kann, der findet, wenn er Geduld hat und diese Rätselfrage weiter im Gemüte bearbeitet, daß ihm die Jupitermächte sogar während der Nacht helfen . . . Es sind die Jupitermächte, die das menschliche Denken – wenn ich mich so ausdrücken darf – in Schwung und Bewegung und Verve bringen.»[55]

Wenn jedoch der Zusammenklang der Jupiterkräfte mit den Saturn-kräften im Sinne des Rhythmus-Schrittes der Großen Konjunktion die Entwicklungsphasen der Philosophie bestimmt, muß die Frage entstehen: Was ist dabei die Funktion Saturns, und warum vermag «Jupiters erstrahlende Weisheit» nicht allein die Metamorphosen menschlichen Denkens zu bewirken? Bei dieser Frage muß *zweierlei* berücksichtigt werden. Das menschliche Denken hängt nicht nur mit dem Gehirnorgan zusammen, das uns vor allem die gebildeten Vorstellungen als Spiegel zum Bewußtsein bringt, sondern mit dem ganzen Organismus. Wir urteilen mit den Armen und schließen mit den Beinen im Sinne der anthroposophischen Menschenkunde. Wer die «Philosophie der Freiheit» energisch durcharbeitet, kann – nach einem Hinweis Rudolf Steiners – von Skeletten träumen! Dies darf dann als eine positive Rückwirkung der Gründlichkeit aufgefaßt werden, mit der das Werk studiert wurde. Klare, umrissene Gedankenbildung stützt sich eben auch auf die Kräfte, welche das Knochensystem zur Auskristallisation bringen. Besonders im pädagogischen Felde wird oft der Zusammenhang von Zahnbildung und Zahnwechsel mit der Metamorphose der Wachstums-kräfte in Gedächtnis- und Gedankenkräfte erwähnt und bestätigt diese Auffassung. Skelett- und Gedächtnisbildung hängen aber eng mit den Saturnkräften in uns zusammen.

Geistig gesehen ist die Entwicklung des menschlichen Denkens untrennbar verbunden mit der übergeordneten Bewußtseinsentwicklung, die sich durch die Kulturepochen hindurchzieht. Diese stützt sich jedoch auf die gesamte leibliche Konstitution des Menschen als dem Ergebnis des Zusammenwirkens aller vier Wesensglieder. Die menschliche Grundkonstitution ist in einem feinen, aber tiefgreifenden, dauernden Wandel begriffen, der dem Fortgang des platonischen Weltenjahres entspricht. Die Geisteswissenschaft weist darauf hin, daß ein Ägypter eine andere Konstitution hatte als ein Grieche und wir Gegenwartsmenschen wiederum leiblich anders geartet sind. Es ist vor allem das Verhältnis des Ätherleibes zum physischen Leib, an dem dieser Wandel abzulesen ist. Er hängt wesentlich mit der Entwicklung und Handhabung der menschlichen Intelligenz zusammen.

Nun ist es die kosmische Aufgabe des *heutigen* Saturn, dem Nachfolger der alten Saturn-Entwicklung, in der das gesamte Fundament der Schöpfung gelegt wurde, die Veränderungen der menschlichen Konstitution maßgebend zu überwachen und zu regulieren. Davon wurde bei dem Saturn-Transit im Hinblick auf die Jordantaufe bereits gesprochen. Dieser Einfluß «drückt sich im Menschen dadurch aus, daß erstens das Ich in ein entsprechendes Verhältnis kommt zum astralischen Leib, aber namentlich der astralische Leib sich in die ganze menschliche Organisation eingliedert». Es handelt sich also um eine tiefgreifende Einwirkung, die «ja eigentlich erst aufhört nach dem dreißigsten Jahre. Wie wir uns dann entwickeln in unserem astralischen Leib, davon hängt unser ganzes Leben und unsere Gesundheit ab.»[36]

Aus dem gleichen Grunde mußten die alten Eingeweihten bei der Auswahl ihrer Schüler, ja bei der Beurteilung jedes Menschen, darauf achten, «wie er sein Verhältnis zum Saturn durch sein Geburtsdatum bestimmt hatte; denn man wußte genau: wenn ein Mensch bei dieser oder jener Konstellation des Saturn geboren worden war, so war er ein Mensch, der seinen astralischen Leib im physischen Leib richtig oder weniger richtig brauchen konnte. Die Erkenntnis solcher Dinge spielte in alten Zeiten eine große Rolle.»

Mehr geistig gesehen, verleiht Saturn – es sei nochmals daran erinnert – die Veranlagung zum Ernst, zur Vertiefung und zur Verinnerlichung sowie zur vielfachen Verzichtbereitschaft, welche der Geistesschüler entwickeln muß. Aber auch der Philosoph braucht zusätzlich zur jupiterhaften Denkfähigkeit saturnverliehene Neigung zum Ernstnehmen seiner Erkenntnisprobleme, zur Gründlichkeit und zum meditativen Nachsinnen. Er muß schon vorgeburtlich bei der Zubereitung seines individuellen Karma eine vertiefte Beziehung zur Jupitersphäre und zu Saturns «weltenalter Geist-Innigkeit» sowie zu einem harmonischen Zusammenklang beider Planeten eingehen können.

Diese kurzen Darlegungen dürften die Berechtigung aufgedeckt haben, die Gründe für das gesetzmäßige, rhythmische Fortschreiten der menschlichen Denkentwicklung im Sphärengebiet der beiden größten obersonnigen Planeten zu suchen. Ihre Einwirkung auf die ganze Menschheit ist eben besonders deutlich an der Geschichte der Philosophie abzulesen. In der Tat bestätigt die Geistesforschung die hier vertretene Auffassung durch den Hinweis, «daß in alten Zeiten, in denen das aktive Denken wenig entwickelt war, die Art, wie die Menschheit vorrückte, eigentlich immer davon abhängig war, wie Jupiter zum Saturn stand. In Zeiten, in denen eine gewisse Konstellation zwischen

Jupiter und Saturn war, offenbarte sich insbesondere den alten Menschen vieles.»[55]

Dabei braucht man nicht nur an die Große Konjunktion selbst zu denken. Im 20jährigen Intervall zwischen den Großen Konjunktionen wiederholen sich in regelmäßiger Folge alle konstellativen Möglichkeiten beider Planeten. Es wechseln sich ihre Quadratur-, Trigon- und Oppositionsstellungen dauernd ab. Die dabei entstehenden Dissonanzen und Konsonanzen wirken in die Sphärenharmonie des Ganzen hinein und auch entsprechend auf den Menschen zurück.

Im Zeitalter der Mündigkeit und Freiheit des Menschen entsteht immer wieder die Frage, ob die Sterne heute überhaupt noch auf uns einwirken können oder dürfen. Denn in unserem Tagesbewußtsein merken wir nichts davon, ob der Mond im Löwen oder der Mars im Widder in Quadratur zum Uranus steht. Es gilt das Wort: «Sterne sprachen einst zum Menschen, ihr Verstummen ist Weltenschicksal.» Aber: «Das heißt nicht, daß der Saturn heute nicht in uns wirkt; er wirkt in uns gerade so, wie er in alten Zeiten gewirkt hat, nur müssen wir uns davon frei machen.»[36] Aus den Ausführungen des gleichen Vortrages geht eindeutig hervor, wie besonders im noch bildsamen und geistoffeneren heranwachsenden Organismus auch heute noch die Planeten wirken und wirken müssen «innerhalb der Sternenkonstellation». Man denke nochmals daran, wie zum Beispiel ein Mensch, der schicksalsmäßig eine gute Denkorganisation auszubilden hat, den Zeitpunkt seiner Geburt so wählt, daß er möglichst viel direkte Jupiterausstrahlung während des siderischen Umlaufs dieses Planeten erhalten kann.

Die Planetenwirkungen haben sich zwar in die unbewußten Tiefen des Organismus zurückgezogen, aber dort wirken sie sogar das ganze Leben hindurch, besonders wenn sich die höheren Wesensglieder im Schlafe herausgelöst haben. «In Wahrheit beginnen im Augenblick, wo der Mensch einschläft, aus dem Weltenraum, aus dem Kosmos heraus die Kräfte und Wesenheiten zu wirken und das zu durchdringen, was der Mensch verlassen hat, so daß wir es in der Tat zu tun haben mit einem fortgehenden Einfluß vom Kosmos auf den physischen Leib und Ätherleib des Menschen.»[11]

Im Zusammenhang mit diesem Sternenwirken können die Hierarchien zugleich jene überindividuelle, nicht zum Einzelkarma gehörende Tätigkeit verrichten, welche zur Umwandlung der leiblichen Konstitution der

Menschheit erforderlich ist, um diese zeitgerecht in die Zukunft zu führen. Das Ergebnis dieser Tätigkeit im physischen und ätherischen Leib wird im Strom der Generationen weitergetragen, weil gerade diese Wesensglieder vor allem auch der Vererbung unterliegen. Auf diese Weise wird zum Beispiel schon jetzt jene Umwandlung bestimmter Gehirnpartien vorbereitet, welche – ohne individuelle geistige Schulung – die Rückerinnerung an die früheren Erdenleben in kommenden Inkarnationen ermöglichen werden.

Der Vortrag vom 15. Januar 1914 hat seinen Höhepunkt in der Mitteilung des Geistesforschers, daß sowohl die individuelle menschliche Denkarbeit der Philosophen als auch die damit verbundene Tätigkeit der ‹Geister der Weisheit› die Grundlage bilden für die mehrtausendjährige Entwicklung jenes besonderen, geheimnisvollen Wesens ‹Philosophia›. Dieses Wesen durchläuft in den geschilderten 800jährigen Perioden seine in den *kosmischen* Maßstab erhobenen «Jahrsiebente», ebenso wie der einzelne Mensch sie in den Siebener-Perioden als Zeiten der besonderen Ausbildung seiner Empfindungs-, Verstandes- und Bewußtseinsseele durchläuft. Wir dürfen hier auf die ausführliche Darstellung in dem betreffenden Vortrag und auf das dort gegebene Schema verweisen.

Obwohl die Umschwungspunkte zeitlich nicht auf das Jahr genau von Rudolf Steiner angegeben wurden, da in solchen Entwicklungen stets fließende Übergänge walten, ›wird eindeutig auf die entscheidenden Einschnitte der Zeitenwende – des 8. Jahrhunderts und des 16. Jahrhunderts – hingewiesen. Es obliegt uns nunmehr noch zu prüfen, ob diese Umschwungsaugenblicke auch in der kosmischen Periodik der Jupiter-Saturn-Begegnungen zu finden sind.

Dies ist in der Tat der Fall! Etwa *ein* Jahrhundert vor der Zeitenwende trat der Frühlingspunkt aus dem Sternbild Widder in das Sternbild der Fische ein. Es war die Zeit des Jeshu ben Pandira. Schon einige Zeit vorher war die eine Spitze des Trigons der Großen Konjunktionen in dasselbe Sternbild vom Wassermann her eingewandert. Die dreifache Große Konjunktion im Jahre 7 v. Chr. – der Ausgangspunkt dieser Schrift – fand in der Nähe des Frühlingspunktes in den Fischen statt. Dadurch wird besonders deutlich der Übergang vom «kosmischen Jahrsiebt» der Entwicklung des Empfindungsleibes zur Periode der Empfindungsseele bei dem Wesen ‹Philosophia› markiert. Sechzig Jahre später, also 53 n. Chr., folgte die nächste Große Konjunktion wiederum in den Fischen in unmittelbarer Nähe des Frühlingspunktes (s. Schema, Seite 156, links unten) und rückte dann – im Rahmen der Gesamtbewegung des Konjunktionstrigons – in das Sternbild Widder weiter. Entscheidend erscheint dabei weniger das Sternbild als die Überschneidung mit dem Frühlingspunkt.

Beim Übergang von der Empfindungsseelenzeit in die Periode der Verstandesseele hatte die nächste Trigonspitze die Fische erreicht. Zu Keplers Zeiten, um die Wende zum 17. Jahrhundert, dem Beginn der Bewußtseinsseelen-Entwicklung der Philosophie, wiederholt sich dieser konstellative Vorgang zum dritten Male. So finden zum Beispiel die Großen Konjunktionen der Jahre 1583 und 1643 wieder im Sternbild der Fische beim Frühlingspunkt statt (s. Tabelle, Große Konjunktionspunkte um 800 und 1600 n. Chr.).

Die Übergangszeit zu einem neuen kosmischen Entwicklungsjahrsiebt ist also in jedem Falle durch das Zusammenfallen der Großen Konjunktion und des Übergangs von Jupiter und Saturn im Sternbild Fische über den Inspirationsquell des Frühlingspunktes gekennzeichnet.

Das Sphärenwesen ‹Philosophia› ist also mit seinem Leben und Wirken eingebettet in jenen Atmungsprozeß, welchen Saturn und Jupiter vollziehen: in ihrem gegenseitigen Sich-Verbinden und -Trennen, ihrem Sich-Annähern und Sich-Entfernen in dem Wechselspiel von Konjunktion und Opposition. Die Entwicklung dieses Wesens ist getragen vom majestätischen Wandelgang des Trigons der Großen Konjunktionen und des Sechssterns höherer Ordnung durch den Tierkreis im Zeitenlauf. Sie wird dabei in die 800jährigen Perioden gegliedert, gemäß dem jeweiligen Durchgang einer Spitze des Trigons durch den Frühlingspunkt.

In dem Vortragszyklus «Der menschliche und der kosmische Gedanke» führt Rudolf Steiner aus, daß sich das menschliche Denken in zwölf Weltanschauungen darleben kann. Ihr Ursprung ist in den zwölf Tierkreisbildern zu suchen. Es scheint deshalb von größter Bedeutung zu sein, daß in der geschilderten 800jährigen Konjunktionsperiodik die Großen Konjunktionen des Saturn-Jupiter-Trigons *alle* zwölf Sternbilder durchlaufen. Dies geschieht in ähnlicher Weise wie bei der 854jährigen Periode, denn jede Dreieckspitze durchwandert vier Sternbilder. In ihr vollziehen sich dabei in jedem einzelnen Sternbild nach jeweils 60

131

Jahren drei bis vier Große Konjunktionen. Insgesamt finden im «kosmischen Jahrsiebt» vierzig Große Konjunktionen statt, die sich über den ganzen Tierkreis verteilen. (Es ist lediglich von den 11 Grad in demjenigen Sternbild abzusehen, in welchem der Frühlingspunkt der Trigonspitze entgegenwandert.) Dadurch bedingt, vermag das Wesen ‹Philosophie› seine den Geistern der Weisheit zufließenden Inspirationen von allen Sternbildern her in das menschliche Denken einströmen zu lassen. Die in der jeweiligen Periode zu entwickelnde Denkart erfährt damit eine universelle Ausweitung und Bereicherung im Sinne des ganzen kosmischen Umkreises. Das «kosmische Jahrsiebt», bestimmt durch den Wandelgang des Trigons, ist in der Tat eine relativ in sich abgeschlossene, höhere Ganzheit. Es gehört ebenfalls zu den großen Weltenrhythmen, in denen «der Christus-Wille im Umkreis Seelen-begnadend» waltet.[57]

Es bleibt den Historikern überlassen zu prüfen, ob sich in der Geschichte der Philosophie in den 800jährigen Perioden eine weitere Untergliederung von jeweils etwa 200 Jahren unterscheiden läßt. Denn in diesem Zeitraum finden alle Großen Konjunktionen – im Sinne der bereits besprochenen Elementenlehre der Alten – in Sternbildern (oder Tierkreiszeichen) gleicher Qualität statt. Das Trigon der Großen Konjunktionen steht nämlich jeweils im Einklang mit einem Trigon der vier Elementarkräfte.

In dem angeführten Vortrag vom 10. Januar 1915 schließt Rudolf Steiner den Vergleich der «700 bis 800 Jahre» umfassenden Entwicklungsepochen des Wesens ‹Philosophie› mit denjenigen des Menschen mit den Worten ab: «Die Philosophie ist tatsächlich in die vierziger Jahre gekommen, nur daß sie ein Wesen ist, das eine viel längere Lebensdauer hat. Was bei den Menschen ein Jahr ist, das ist bei diesem philosophischen Wesen ein Jahrhundert. Da sehen wir durch die Geschichte ein Wesen hindurch walten für das ein Jahrhundert ein Jahr ist, man nimmt es nur nicht wahr. Diesen Wesen entwickelt sich mit Sonnengesetzlichkeit.» Wir möchten annehmen, daß es sich hier um eine Abrundung in der Darstellung des Vortragenden handelt. Das Wesentliche ist nicht die Gleichsetzung eines Lebensjahres des Menschen exakt mit einem Jahrhundert, sondern die Verwandtschaft zwischen der irdisch-menschlichen und der kosmischen Entwicklungsepoche im Sinne eines in sich abgeschlossenen Jahrsiebtes und der übergeordnete Gleichklang bei der Entwicklung gleicher Wesensglieder. Verhielte es sich anders, dann müßte man genau 700jährige Perioden für das kosmische Jahrsieb annehmen. Bei dem Beginn der Epochen im 8. Jahrhundert v. Chr. würde sich in drei Perioden, die sonst 2400 Jahre umfaßten, schon eine Verkürzung um 300 Jahre ergeben. Die Periode der Bewußtseinsseelen-Entwicklung des Wesens ‹Philosophie› würde dann bereits in das Jahr 1300 n. Chr. fallen. Dies widerspräche dem Duktus des ganzen Vortrages und den übrigen Hinweisen. Im Sinne der vom Verfasser geltend gemachten Periodik von 797 Jahren (gleich *ein* Jahrsiebt) würde *ein* Entwicklungsjahr des Wesens ‹Philosophie› rund 114 Erdenjahre währen. Der Bezug zu den drei wesentlichen, von Rudolf Steiner genannten Umschwungspunkten (Zeitenwende, Beginn des 9. und 17. Jahrhunderts) bleibt dann bestehen.

Die hier vertretene Auffassung finden wir von Rudolf Steiner selbst bestätigt in einem Vortrag in Stuttgart vom 5. März 1914. Es wird darin «der geschichtliche Gang der Menschheit . . . von 800 v. Chr. bis in unsere Zeit herein» geschildert unter dem Gesichtspunkt des Hereinwirkens «der anregenden Kräfte des Christus-Impulses . . . von verschiedenen Plänen der geistigen Welten aus» im Sinne des folgenden Schemas:

	I	II	III	IV
0–800	Höhere Geistwelt			
800–1600		Niedere Geistwelt		
1600–2400			Seelische Welt	
2400–				Physische Welt

Die Darstellung folgt dann – verschiedene historische Ereignisse aufgreifend – einer exakt 800jährigen Periodik. «Einteilend können wir zuerst die Zeit der ersten acht Jahrhunderte nach Christus erfassen» . . . Da «wirkte die Kraft aus den höchsten geistigen Welten herein, aus dem oberen Devachan»; dann «von 800–1600 wirkt der Impuls vom niederen Devachan aus in die physische Welt . . .; die Kräfte werden immer schwächer, der Impuls wirkt von 1600 an bis in unsere Zeit nur noch aus der Astralwelt, der Seelenwelt . . .; dann wird von 2400 ab die Epoche kommen, wo die Kräfte zum Christus-Verständnis von der Erde allein ausgehen, wo der Christus vom physischen Plan aus auf die Menschen

wirkt . . . in ätherischer Gestalt.» Nach diesen Sätzen wird – wenige
Monate vor der bevorstehenden Neuerscheinung – unmittelbar auf das
Buch «Die Rätsel der Philosophie» Bezug genommen. «So sehen wir von
achthundert zu achthundert Jahren Geschichte sich abwechseln im
Zusammenhang mit Impulsen aus den geistigen Welten. In meinem
Buche ‹Welt- und Lebensanschauungen im 19. Jahrhundert›, so wie es in
der Neuausarbeitung erweitert ist als ‹Die Rätsel der Philosophie›, wird
man die Entwicklung des menschlichen Bewußtseins in denselben perio-
dischen Schritten verfolgen können.»[58] Aus dieser Darstellung geht also
eindeutig hervor, daß es sich bei den ‹kosmischen Jahrsiebten› nicht um
700jährige Epochen oder um eine Einteilung exakt in sieben Jahrhunderte umfassende Zeitabschnitte handeln kann.

Wesentlich erscheint aber bei dem Vergleich der beiden angeführten
Vorträge, daß allen Darstellungen, die im Zusammenhang mit der
Geschichte der Philosophie und ihren Epochen gegeben wurden, die
Berücksichtigung des Christus-Impulses übergeordnet ist. Es ist das zu
immer tiefern Weltenplänen herabsteigende und aus ihnen in die hierar-
chischen und irdisch-menschlichen Welten hereinkraftende Wesen des
Logos, welches die Entwicklung des Wesens ‹Philosophie› impulsiert
und schützend begleitet. Es ist der Sonnengeist selbst, der sich in den
Mantel der «alten Sonnengesetzlichkeit» kleidet. Die «alte Sonne» aber
wird – es sei nochmals darauf hingewiesen – von dem heutigen Planeten
Jupiter repräsentiert.

Durch die Geschichte der Philosophie, in welche die Entwicklung des
menschlichen Denkens gleichsam auskristallisiert, dürfen wir hinein-
schauen in einen gewaltigen Geist-Organismus zusammenwirkender
Wesenheiten, deren Mittelpunkt die «Christus-Sonne» selbst ist. Dies sei
abschließend durch folgendes Schema verdeutlicht:

Wirken des Christus-Impulses aus der

höheren	niederen	seelischen
Geistwelt	Geistwelt	Welt

Entwicklung des Wesens ‹Philosophia›

Empfindungsleib	Empfindungs-seele	Verstandes-Gemütsseele	Bewußtseinsseele

Alte Sonnengesetzlichkeit
Zusammenwirken der Geister der Weisheit mit den Erzengeln

Große Konjunktion beim Frühlingspunkt

800 v. Chr. – 0 (Zeitenwende) – 800 n. Chr. – 1600 – 2400 n. Chr.
(Die 800jährigen Epochen in der Geschichte der Philosophie)

XIV

Unerreichbare Sphären?

Metamorphosen des Logos

In der Christologie Rudolf Steiners finden wir immer wieder von den verschiedensten Seiten dargestellt, daß der Einschlag des Christus-Impulses in die Menschheit als einzigartiger und zentraler Umschwungs-punkt für die ganze Erdenentwicklung aufgefaßt werden muß. Die Christus-Tat verleiht dieser erst ihren eigentlichen Sinn. Wir hatten diese Thematik schon gestreift beim Hinblick auf die Kulturepochen in ihrem Zusammenhang mit den inspirierenden Impulsen, welche aus dem Stern-bild, in das der Frühlingspunkt eingetreten ist, jeweils in das in Quadra-tur stehende Sternbild «hineingeschaut» wurden. So schildert Rudolf Steiner den Beginn des Widder-Zeitalters mit den Worten «Und es kam die Zeit, in der der Krebs dieselbe Rolle spielte in der griechisch-lateinischen Zeit, wie die Jungfrau unter den Persern, und man sah das Sternbild des Widders im Quadranten stehend in das Sternbild des Krebses hinein. Da war die Umkehrung, da schlug die Sache einen andern Weg ein. Bis in die griechisch-lateinische Zeit, bis ins Mysterium von Golgatha war Astronomie etwas, was als äußere Wissenschaft zu erreichen war, war das menschliche Erkennen so geartet, daß man hinausschaute in den Raum und die Geheimnisse der Sternenwelten, die Geheimnisse von Raum und Zeit fand, daß man hineinlebte in das menschliche Innere, und durch die Verfrommung des Herzens zu der Anschauung innerer Geheimnisse kam. In der griechisch-lateinischen Zeit drehte sich das Verhältnis um»[18] (s. auch Figur 8,III). Es wird dann geschildert, wie der heutige Mensch die das Geistesauge öffnende Frommheit durch ein hingabevolles Anschauen der äußeren Natur ent-wickeln muß. Die Sternenweisheit der Könige aber muß neu geboren werden aus «einer Astronomie des Innern . . . Können wir die Mathema-tik durch inneres Erleben zu jener Glorie wiederum erheben, welche die alte Astronomie hatte, können wir die Naturbetrachtung zu jener Her-zenstiefe, zu jener Frommheit vertiefen, die die Hirten auf dem Felde erlebten, können wir durch das Innere dasjenige erleben, was die Magier aus den Sternen erlebten . . ., dann werden wir . . . in ähnlicher Weise den Weg wiederum zum Weihnachtsmysterium finden, wie durch innerliches Frommwerden die Hirten auf dem Felde, durch äußeres Weise-Werden die Magier aus dem Morgenlande den Weg zur Krippe gefunden haben . . . dann werden wir finden den rechten Weg zu einem tiefen Empfinden des Christus, zu einem liebevollen Begreifen des Christus.»[18]

Hierzu kann an einen Spruch Rudolf Steiners angeknüpft werden, der auf die große Umkehr der Bewußtseinsentwicklung Bezug nimmt, welche im Verhältnis des Menschen zum Kosmos eingetreten ist:

> Sterne sprachen einst zu Menschen,
> Ihr Verstummen ist Weltenschicksal.
> Des Verstummens Wahrnehmung
> Kann Leid sein des Erdenmenschen.
>
> In der stummen Stille aber reift,
> Was Menschen sprechen zu Sternen.
> Ihres Sprechens Wahrnehmung
> Kann Kraft werden des Geistesmenschen.

Im zweiten Teil dieses Spruches ist zugleich auf die Entwicklungsaufgabe einer «Astronomie des Innern» hingewiesen, zu der noch einige Gedanken beigetragen werden sollen. Mit dem «Verstummen» der Sprache der Sterne, das «Weltenschicksal» geworden ist, ist der Mensch zugleich in das Zeitalter seiner Freiheit eingetreten. Die Sterne und ihre Konstellationen impulsieren ihn immer weniger von außen her zu den Taten, die für den Fortschritt der Menschheit erforderlich sind. Er ist als schöpferisches Wesen selbst aufgerufen, aus vertiefter Einsicht zu Ideen zu kommen, deren freie Verwirklichung ihn sinngerecht in die Zukunft führen kann. Er ist zum Mitarbeiter am Schöpfungswerk berufen. Dazu aber ist erforderlich, daß er sich in rechter Weise auf seinen geistigen Ursprung besinnt. «Des Verstummens Wahrnehmung kann Leid sein des Erdenmenschen.» Heute aber wird dieses Verstummen kaum noch bemerkt und daher nicht ernstgenommen. Man hält das Reden von der Sphärenharmonie für eine reine Illusion und glaubt nur noch an eine physisch-materielle Seite aller Gestirne. Der Mensch erlebt, gebannt an die Welt der Sinne, nur noch deren Außenseite und hat die innere Seite, also die Geistigkeit des Kosmos, gänzlich vergessen. Das genannte Leid wird unterdrückt und die anderen Leiden in der Ich-Einsamkeit und Geist-Abgeschnürtheit des modernen Menschen drohen dadurch unfruchtbar zu bleiben, statt zu einer «Reife» zu führen, aus der heraus Menschen wieder zu Sternen sprechen können.

Die damit gegebene materialistische und intellektualistische Weltauffassung bedroht nicht nur die irdische Entwicklung des Menschen, sondern wirkt verdunkelnd und hemmend weiter in das nachtodliche Leben. Die ganze Menschheit, die schicksalhaft den Weg aus uralten hellseherischen Geist-Erfahrungen zur einseitigen Leib- und Erden-Verbundenheit im Verlaufe der Ich-Werdung durchmachen mußte, würde – ohne geistige Hilfe – nach dem Tode immer mehr an die Erde gefesselt werden. Die Kräfte einer geistig verdunkelten Seele reichen nicht mehr aus, um den Weg zurückzufinden durch die Sphären der Planeten bis zur Geistigkeit des Fixsternhimmels. So wirkt sich das irdische Verkennen einer inneren oder geistigen Seite des Kosmos in negativer Weise aus.

Diese Verhältnisse schildert Rudolf Steiner in dem Zyklus «Initiations-Erkenntnis» ausführlich. Den Menschen droht in ihrer Bewußtseinsentwicklung die Gefahr, daß sie an die Mondensphäre, die identisch ist mit dem Seelenland des «Kamaloka», gebannt bleiben und zu schwach sind, den Übergang in die Sonnenregion vollziehen zu können. Mit ihr aber beginnt erst das eigentliche Geisterland. Das auch hier drohende Ungleichgewicht zwischen Mond-Gebundenheit und Sonnen-Sein kann nur durch die Verbindung mit der Opfertat des Christus in Ordnung gebracht werden. Von ihrer die Monden- und Sonnenkräfte ausgleichenden Wirkung war bei der Besprechung des 33jährigen Rhythmus bereits die Rede. «Vom Sonnenwesen selber hat herunterkommen müssen das Christus-Wesen, um das Mysterium von Golgatha zu vollbringen, damit der Mensch durch seine Christus-Lehre, durch die Lehre von dem Mysterium von Golgatha auf der Erde die starke Kraft empfängt, den Übergang aus der Seelenwelt in das Geisterland, aus der Mondenregion in die Sonnenregion zu gewinnen.»

Schon die alten Ägypter wußten, daß die Seele nach dem Tode zu einem lichtartigen Zustand, zum inneren Osiris-Werden hinfindet. Beim Eintritt in den geistigen Sonnenbereich «ist die Sonne nicht mehr an *einem* Ort da, sondern sie ist überall im Umkreise. Man ist in der Sonne drin, und die Sonne strahlt einem von der Peripherie herein. Sie ist in der Tat die geistige Haut des Menschenwesens, das man geworden ist». Die Seele tritt damit aber zugleich in den Wirkungsbereich der drei obersonnigen Planeten ein. «Man hat jetzt in sich, was man so ansprechen muß, wie Mars, Jupiter, Saturn. Man ist also jetzt Sonne und hat die Organe in sich: Mars, Jupiter, Saturn.» Die Ausbildung dieser Organe geschieht allerdings in langen zeitlichen Abläufen, «in drei Kreisen», die in einem «ungefähr zwölfmal langsameren Tempo durchlaufen» werden als der «Mondenkreis», den die Seele hinter sich gelassen hat. «Im ersten Kreis, der der eigentliche Mars-Kreis ist, wird das geistige Mars-Organ ausgebildet, in dem zweiten Kreis, der der eigentliche Jupiter-Kreis ist, wird das Jupiter-Organ ausgebildet, und in dem letzten Kreis wird das Saturn-Organ ausgebildet . . .»

Bei dieser Entwicklung der Seele aber tritt eine überraschende Komplikation ein, welche die Zusammenarbeit mit den Kräften Jupiters und Saturns betrifft. Ihre Sphären können von den Menschenseelen während ihrer jetzigen Entwicklungsstufe nicht unmittelbar betreten werden! «In der Epoche, in der wir gegenwärtig leben, ist es den Menschen durch das Wirken der Weltenkräfte nur möglich, die Mars-Region vollständig zu durchkreisen. So daß er also nach dem Tode den Mars-Kreis vollendet und noch nicht vollständig eintreten, sondern berühren kann die Jupiter-Region.» Die Geistseele braucht aber bei der Verarbeitung ihrer vorigen Erdenleben und der Vorbereitung ihrer Wesensglieder für die nächste Inkarnation die Kräfte dieser Planeten. Sie erhält dieselben aus der Region der Planetoiden, jenen Tausenden von kleinen Himmelskörpern, welche zwischen der Mars- und Jupiterbahn kreisen. Sie «haben das Eigentümliche, daß sie gewissermaßen in ihren geistigen Wesenheiten Kolonien sind von Jupiter und Saturn. Und der Mensch trifft gewissermaßen . . . dasjenige, was ihm vorläufig, bevor er in die Jupiter- und Saturn-Region eintreten kann, eine Art Ersatz sein kann.»[59]

Dieser von der Geistesforschung geschilderte Tatbestand des nachtodlichen Erlebens hebt die Besonderheit der Planeten Jupiter und Saturn erneut hervor. Sie sind ohnehin – rein räumlich gesehen – durch die planetarische Lücke, den Abgrund der Planetoiden, vom übrigen Planetensystem getrennt. In dieser besonderen Stellung aber bilden sie funktionell eine in dieser Form im Planetensystem einzig dastehende Einheit, die sich im Bilden des hier aufgedeckten hexagrammatischen Zusammenklangs ihrer Umläufe offenbart. Rudolf Steiner hat diesem Geheimnis künstlerisch Ausdruck verliehen in seinen «Zwölf Stimmungen». In den zwölf Strophen, die den Tierkreiszeichen entsprechen, ist jede der sieben Zeilen dem jeweiligen Durchgang der sieben Planeten durch das betreffende Sternbild zugeordnet. Die 5. und 6. Zeile, die Jupiter und Saturn entsprechen, enden als einzige immer in der Form eines Reimes. Als Beispiele seien genannt: «Am Widerstand gewinne, / Im Zeitenstrom zerrinne» (Widder), «In strömendem Lebensschein, / In waltender Werdepein» (Löwe), oder «In strafendem Weltenwalten, / In ahndendem Sich-Gestalten» (Skorpion).

Die Unerreichbarkeit der Sphären von Saturn und Jupiter wirft auch auf das Wesen der dreifachen Konjunktion ein neues Licht. Das Auftreten dieser Konstellation, das kurz vor der Zeitenwende die bevorstehende Geburt des Welten-Heilandes ankündigte, erfolgte aus höchsten Sternensphären, denen die Menschheit entfallen war. Ihre Reinheit und Harmonie entsprach der Verheißung des kommenden Gottessohnes. Seine eigene Inkarnation wurde, wie wir gesehen haben, durch Generationen hindurch aus den Sphärenkräften dieser beiden Gestirne vorbereitet, und gerade sie wirkten maßgeblich hinein in die Entwicklungsphasen des Lebens Jesu, wie im vorigen Kapitel dargestellt wurde.

Die Planetoidenregion bezeichnet der Geistesforscher als das Feld «des Streits am Himmel».[60] Ein Kampf zwischen den guten und den der vorgesehenen Entwicklung widerstrebenden geistigen Mächten hat entweder die Bildung eines regelrechten Planeten verhindert oder einen werdenden Planeten gänzlich zersplittert. Diese kosmische Katastrophe hat wohl bei dem Übergang der alten Sonnenentwicklung in die alte Mondenentwicklung stattgefunden und war ein kosmisches Vorspiel des späteren Sündenfalls der Menschheit. Das Nicht-mehr- (oder Noch-nicht-) Betreten-Können der Sphären der beiden größten obersonnigen Planeten kann man als eine kosmische Oktave der Situation empfinden, die auf Erden als das «verlorene Paradies» umschrieben wird. Die Unerreichbarkeit dieser himmlischen Regionen ist eine der Folgen des Sündenfalls, welcher die himmlische Natur des Menschen verdunkelte und schwächte und ihn zugleich in den Egoismus verstrickte. Je mehr aber der heutige Mensch bloß in materialistischer Gesinnung egoistischen Triebkräften folgt, um so schwerer wird es ihm nachtodlich, sich mit den Kräften der Sternensphären zu verbinden. «Menschen, die ganz und gar sich nur dem Erdenleben hingegeben haben, die etwas Kriminelles in ihrem Wesen haben, die haben wenig Möglichkeiten in sich angehäuft, um auf den Ozean des Sternendaseins hinaus zu segeln; sie kommen sehr bald wiederum zum Erdenleben zurück, nachdem sie eine kurze Zeit zwischen dem Tode und einer neuen Geburt durchgemacht haben.» Sie sind in Gefahr, den Anschluß an die Höhenkräfte Jupiters und Saturns ganz zu verlieren, da sie nicht einmal mehr die stellvertretende Planetoidensphäre erreichen können. «Wer mit niedern Trieben ausgestattet durch die Todespforte geht, der bebt vorher zurück, vollendet nicht die Kreise, wird namentlich von der Planetoidenregion zurückgestoßen.» Dies hängt damit zusammen, daß «die Menschen heute in allerlei Kreise hineinkommen dadurch, daß sie sich gewissen Einflüssen der Welt hingeben, im persönlichen Leben, im nationalen Leben usw. . . . derjenige Mensch, der richtig bis zur Planetoidenregion kommt, der vollbringt heute, man kann sagen, sieben- bis achthundert Jahre zwischen einem Erdenleben und dem anderen. Das ist für diejenigen Menschen, die nicht gerade niedere Naturen sind, das Normale.»[59]

Soll die Menschheit aber ihr Entwicklungsziel erreichen und mit der Erde in die kommende planetarische Evolutionsstufe des Jupiter-Zustandes hineinwachsen, dann müssen die Menschen-Seelen lernen, die Jupiter- und Saturnsphäre nachtodlich wieder unmittelbar betreten zu können. Das gegenwärtige Ausgeschlossensein von diesen Weltregionen ist nur ein vorläufiger Zustand. Und so, wie die Verbindung mit dem Christus-Impuls die Kraft gibt, sich nachtodlich der Mondenregion entreißen zu können, so wird allein die immer stärkere Verwirklichung der Christus-Kraft im Menschen die Seelen befähigen, sich nachtodlich in die Jupiter- und Saturnsphäre aufschwingen zu können.

Die Vorarbeit, um nachtodlich die beiden zunächst unerreichbaren Planetenbereiche wieder betreten zu können, kann nur auf der Erde durch die verkörperte Seele geleistet werden. Sie setzt eine zeitgemäße bewußtere Verbindung mit dem Christus-Impuls voraus und hängt mit dem geschilderten Weg des wahren Gralssuchers innig zusammen.* Der Mensch als Mikrokosmos muß in sich selbst lernen, die Jupiter- und Saturn-Kräfte bewußt zu handhaben. In dem Maße, wie ihm dies gelingt,

---

* Im «Schliff» des Gralsgefäßes leuchtet, wie darzulegen versucht wurde, gerade der Abglanz dieser unnahbaren Sphären auf. Wenn Wolfram von Eschenbach berichtet, daß beim Betreten der Gralsburg durch Parzival der Planet Saturn im Sternbild Krebs zu finden war, deutet er auf dieses Sternengeheimnis hin. Es hängt mit der Entwicklung der oben erwähnten, neuen «inneren Astronomie» eng zusammen.

macht er sich von alten, mehr oder weniger unbewußten Planetenwirkungen frei und lernt die Sprache, die «Menschen sprechen zu Sternen». Er lernt aber auch seine Taten in schöpferischer Freiheit so einzurichten, daß sie nicht der Willkür, sondern den Gesetzen des Kosmos entsprechen und sich damit zugleich mit den Intentionen des schaffenden Weltenwortes in heilsamem Einklang befinden. Es ist die Kraft des individualisierten Logos, welche ihn in die verlassenen Sphären emportragen wird.

Eine konkrete Hilfe auf diesem Wege finden wir in einem Vortrag, den Rudolf Steiner in Pforzheim, zwei Tage nach den Ausführungen in Stuttgart über die erwähnten 800jährigen Epochen des Christus-Wirkens, gehalten hat. Dieser Vortrag vom 7. März 1914 hat den Titel: «Der Christus-Impuls im Zeitenwesen und sein Walten im Menschen. Die drei geistigen Vorstufen des Mysteriums von Golgatha.»[61] Der Leser findet darin eine zweifache Abwandlung der monumentalen Anfangssätze des Johannes-Evangeliums und mag darüber erstaunt sein oder vielleicht sogar schockiert. Die neugebildeten Mantren beginnen anstelle des «Im Urbeginne war das Wort» mit den Sätzen «Im Urbeginne ist der Gedanke» und «Im Urbeginne ist die Erinnerung». Man wird an das Ringen des Faust erinnert, der sich bemüht, mit den Übersetzungsschritten: Sinn . . . Kraft . . . Tat dem Sinn dieser Anfangsworte näherzukommen. Aber hier handelt es sich nicht um eine Übersetzungsfrage, sondern um eine echte Neu-Schöpfung und Erweiterung der fundamentalen Eingangsworte des Evangeliums. Daß dieser Vorgang nicht selbstverständlich ist, zeigen die dem ersten Mantram vorangehenden einleitenden Worte des Vortragenden: «Wir sind jetzt so weit in der Menschheitsentwicklung, daß auch noch in einer anderen Form die ersten Worte des Johannes-Evangeliums ausgesprochen werden *dürfen*; daß sie ausgesprochen werden dürfen in der Form:

> Im Urbeginne ist der Gedanke,
> Und der Gedanke ist bei Gott
> Und ein Göttliches ist der Gedanke.
> In ihm ist Leben,
> Und das Leben soll werden das Licht meines Ich.
> Und scheinen möge der göttliche Gedanke in mein Ich,
> Daß die Finsternis meines Ich ergreife
> Den göttlichen Gedanken.»

Es waren gewiß wichtige, in der Objektivität der geistigen Weltver-
hältnisse und im Wesen des Logos selbst liegende Gründe, welche den
verantwortungsbewußten Geistesforscher veranlaßten, diese vier metamorphosierten Spruchfolgen zu geben. Sie gehen aus dem Duktus des
ganzen Vortrages mit innerer Notwendigkeit hervor. Hier soll zusätzlich der kosmologische Hintergrund betrachtet werden. Es wird sich
zeigen, daß er mit unserem Thema innig zusammenhängt.

Rudolf Steiner entwickelte zunächst, wie dem Mysterium von Golgatha drei Vorstufen in übersinnlichen Welten vorangegangen waren.
Diese «Christus-Opfer» ermöglichten erst die rechte Eingliederung des
menschlichen Ich in den physischen Leib bei der Entstehung des auf-
rechten Ganges in der lemurischen Zeit und die ungestörte Ausbildung
der Sprache in der atlanischen Zeit. Die mit diesen Fähigkeiten zusam-
menhängende menschliche Entwicklung war nämlich damals von luziferischen und ahrimanischen Mächten stark bedroht und wäre ohne die
Hilfe der zur Erde herabströmenden Christus-Kräfte in Unordnung
gekommen. Wie in einer Erinnerung an die Christus-Taten der atlantischen Zeit entstand dann in Griechenland die Logos-Lehre, die in ihrer
Verchristlichung in den Anfangsworten des Johannes-Evangeliums eine
Krönung erfahren hat.

Ähnliche Gefahren drohten der Entwicklung des Denkens, dessen
Ausbildung mit dem Beginn der Verstandesseelen-Epoche in Griechenland im Widder-Zeitalter einsetzte. Erstmals ging das alte ‹Bilder-Den-
ken› in das reine ‹Gedanken-Denken› über. Auch in diesem Vortrag
weist Rudolf Steiner wieder auf die diesbezüglichen Darlegungen seiner
«Rätsel der Philosophie» hin, um dann einen übergeordneten Gesichtspunkt der unausschöpfbaren Tiefen des Mysteriums von Golgatha darzustellen: «Daß auch das Denken verbunden sein kann mit dem Christus-Impuls, daß das Denken als solches nicht in Unordnung gekommen
ist in seiner Wirksamkeit auf das Ich, dazu war das vierte Christus-
Ereignis, das Mysterium von Golgatha, da. Und wenn unser Denken
immer mehr in Ordnung kommen soll, wenn es sich immer mehr so
entwickeln soll, daß unsere Gedanken nicht chaotisch durcheinander-
gehen, sondern von innerem Gefühl, innerer Empfindung durchdrungen, durchsetzt sind, wenn gesundes Wahrheitsdenken immer mehr und
mehr entwickelt werden soll, so geschieht dies deshalb, weil durch das
Mysterium von Golgatha, das vierte Christus-Ereignis, dieses Denken

den Impuls dazu erlangt hat, dadurch erlangen konnte, daß der Christus-Impuls sich in die geistige Erdenatmosphäre ausgegossen hat.»

Das zunächst mehr unbewußte Streben der denkenden Menschheit bringt die erste Spruchfolge zum Ausdruck. Erst bei Hegel kam es «zu einer bewußten Aussprache von der Natur des Gedankens mit dem Satze des großen Philosophen: Das Leben und Weben des Gedankens in der Wahrheit ist der wirkende Geist. Das, was Hegel in so scheinbar ganz unverständlicher Weise sagt, man kann es aussprechen wirklich mit den Worten:

> Im Urbeginn ist der Gedanke,
> Und ein Unendliches ist der Gedanke,
> Und das Leben des Gedankens ist das Licht des Ich.
> Erfüllen möge der leuchtende Gedanke
> Die Finsternis meines Ich,
> Daß ihn die Finsternis meines Ich ergreife,
> Den lebendigen Gedanken,
> Und lebe und webe in seinem göttlichen Urbeginn.»

Das Schicksal der Menschheit wird davon abhängen, ob es gelingt, das Denken an diesen, seinen «göttlichen Urbeginn», anzuknüpfen, das heißt aber, das Denken zu verchristlichen. Immer wieder hat Rudolf Steiner dargestellt, wie das intellektuelle Denken, das nur die Außenwelt erfaßt, zu abgelähmten und toten Vorstellungen führt, die vom Geiste abschnüren. Diese Art des Denkens ist zwar der anorganischen, toten Welt angemessen, kann ihre Gesetze erfassen und sie technisch in gigantischer Weise bei der Beherrschung der Naturkräfte verwerten. Aber dieses Denken ist bereits in ein Niedergangsstadium eingetreten und droht «bösartig» zu werden, worauf Rudolf Steiner schon vor über 60 Jahren hingewiesen hat: «Der Intellektualismus hat heute bereits den Charakter des Verfalls, und zwar eines so starken Verfalls, daß, wenn die intellektualistische Kultur so verbleibt, wie sie gegenwärtig gestaltet ist, von der Erreichung des Erdenziels für die Menschheit gar nicht gesprochen werden kann.»[62] Diesem dem «intellektuellen Sündenfall» unterliegenden Denken wird in Steiners «Philosophie der Freiheit» das sich in echter Selbstbesinnung neu erfassende, wirklichkeitsgemäße Denken gegenübergestellt, das sich innerlich belebt und mit der Christus-Kraft durchdringen lernt. Es entsteht «der in Freiheit philosophisch ergriffene Gedanke, der in Meditation und Konzentration direkt in das geistige

Leben hineinleitet». Die beiden angeführten Spruchfolgen über das wahre Wesen des Gedankens können als Beispiele einer solchen Meditation erlebt werden, welche den Menschen zu einem neuen Denk-Erlebnis und zugleich zu einer vertieften Selbsterkenntnis führen im Sinne des zeitgeforderten Fortschrittes der Bewußtseinsseele.

In ähnlicher Weise wie für das Denken wird im gleichen Vortrag die Bedeutung des Christus-Impulses für die Verwandlung und Steigerung der Erinnerungsfähigkeit dargestellt. Auch sie käme ohne die Verbindung mit ihm immer mehr in Unordnung. «Alle Erinnerungskraft wird durchsetzt und zugleich verstärkt werden durch das Eindringen des Christus-Impulses in die Gedächtniskraft, in die Erinnerungskraft.» Es folgt dann die zweite grundlegende Abwandlung der Anfangsworte des Johannes-Evangeliums:

> Im Urbeginne ist die Erinnerung,
> Und die Erinnerung lebt weiter,
> Und göttlich ist die Erinnerung.
> Und die Erinnerung ist Leben,
> Und dieses Leben ist das Ich des Menschen,
> Das im Menschen selber strömt.
> Nicht er allein, der Christus in ihm.
> Wenn er sich an das göttliche Leben erinnert,
> Ist in seiner Erinnerung der Christus,
> Und als strahlendes Erinnerungsleben
> Wird der Christus leuchten
> In jede unmittelbar gegenwärtige Finsternis.

Die im Sinne dieser Meditation verchristlichte Erinnerung wird den Menschen über sein persönliches Gedächtnis hinausführen. Denn es ist zunächst gebunden an die physische Leiblichkeit und dadurch eingeschränkt auf die sinnlichen Erfahrungen. Das Erinnerungsvermögen aber kann sich erkraften und zum Lesen-Lernen im «Weltengedächtnis» steigern, das seit Urzeiten als die Akasha-Chronik bekannt ist. «Dann wird Geschichte wie eine lebendige Erinnerung so leben, daß in die Erinnerung das Verständnis für die wahren Geschehnisse dringt. Dann wird die menschliche Erinnerung den Mittelpunkt des Weltgeschehens verstehen. Dann macht sich für den Menschen das Schauen geltend.» Aus der Kraft eines solchen Schauens im Sinne der christ-verbundenen Erinnerung vermochte Rudolf Steiner sein umfassendstes Buch, «Die

Geheimwissenschaft im Umriß», zu schreiben. Darin erschließt sich dem «strahlenden Erinnerungsleben» die Schöpfungsgeschichte der Menschheit bis zum saturnischen Urbeginn und läßt zugleich ihre Zukunft bis zur Vulkan-Entwicklung aufleuchten – durchstrahlt von der die Welt und den Menschen schaffenden Kraft des Weltenwortes, das durch die hierarchischen Schöpfermächte wirkt. Wir blicken beim Erarbeiten des genannten Werkes in die Geburtsstätte der oben geschilderten «inneren Astronomie». Es führt zu einer «Weisheit, die über alles Übrige hinausgeht, was über einzelne Partien des Weltendaseins gefunden werden kann, ja, die Welt in ihrer Einheit erfaßt in Raum und in der Zeit. Das aber ist zugleich diejenige Sternenweisheit, die zu dem Christus hinführt.»[64]

In Wortbegabung, Gedanke und Erinnerung leben sich Grundkräfte des Menschenwesens dar. Diese urständen – kosmologisch gesehen – in den Sphären der drei obersonnigen Planeten Mars, Jupiter und Saturn. Das Wesenhafte des Logos selbst ist mit dem äußeren Bild des Welten-Ich, mit der Sonne, am engsten verbunden, aber es durchstrahlt und durchwirkt das ganze planetarische System. Im vorliegenden Kapitel wurde bereits erwähnt, daß mit dem nachtodlichen Eintritt in die Geist-Sphäre der Sonne die Seele unmittelbar in die Regionen der obersonnigen Planeten hineinwächst und im Durchschreiten die entsprechenden kosmischen Organe ausbildet. In der Dreiheit der vor uns erstehenden Abwandlung der ersten Sätze des Johannes-Evangeliums dürfen wir den mantrischen Abglanz des Wirkens des Sonnen-Logos im Bereich der drei Wandelsterne Mars, Jupiter und Saturn erblicken. Da die Menschenseele nachtodlich bisher nur «die Mars-Region vollständig zu durchkreisen» vermochte, konnte die Menschheit die Logos-Wirkung zunächst nur im Abglanz des Menschenwortes dargestellt bekommen: in den Anfangsworten des Johannes-Evangeliums. Mit den 1914 geschaffenen Meditationen gibt Rudolf Steiner der Menschheit einen Schlüssel in die Hand, der allmählich zur Eröffnung der bisher nicht betretenen kosmischen Sphären von Jupiter und Saturn führen kann. Dies war nur möglich, weil die Christus-Wesenheit selbst zutiefst mit diesen kosmischen Regionen verbunden ist und deren höhere Kräfte der Menschheit gebracht hat. Dazu gehörte, daß das leibliche Gefäß des nathanischen Jesus die Reinheit einer Seelenhaftigkeit widerspiegelte, die nicht vom Sündenfall verdunkelt worden war und sich in ihrer Selbstlosigkeit und

Unberührtheit etwas vom saturnischen Urzustand der Menschheit bewahrt hatte. Andererseits aber wurde diese Leiblichkeit von der Ich-Kraft reifster Weisheit durchstrahlt und geprägt, die zu erringen und mitzubringen aus der Jupitersphäre die Aufgabe der Zarathustra-Entelechie war. So wurde die menschliche Hüllennatur des Christus-Ich nicht zufällig vor allem gerade von jenen beiden kosmischen Sphärenkräften durchwirkt, zu deren Ursprungsregionen die Menschheit den Zugang verloren hatte. Er sollte ihr durch die Christus-Tat wieder eröffnet werden.

Denkend und *erinnernd* handhaben wir alle noch den Abglanz dieser planetarischen Kräfte, jedoch zunächst nur so, wie sie dem «alten Adam» mitgegeben wurden. Sie unterliegen der Beschränkung durch ihre Bindung an die physische, vergängliche Leiblichkeit und sind durch den Sündenfall in gewisser Weise korrumpiert. Die kosmische Intelligenz schattet sich ab zum irdischen Intellekt, und die Erinnerung vermag nicht, die Schwelle der Geburt in unser vorgeburtlich-kosmisches Dasein zu überschreiten. Dementsprechend ist unsere Ich-Vorstellung eingeengt und schwindet als bloßes Bild unseres wahren, göttlichen Wesens jede Nacht dahin. Wir sind alleingelassen in der «Wüste» irdischer Einsamkeit und Geistverlassenheit. Aber gerade durch diese notwendige Einengung blitzt *punktuell* unser irdisches Ich-Bewußtsein auf. Es identifiziert sich jedoch – jede Nacht ausgelöscht – immer wieder neu mit sich selbst durch die Kraft der Erinnerung. Gelingt es ihm, dem ursprünglichen Leben in der Erinnerung nachzuspüren, so lernt es, sich selbst als *«strömendes Leben»* im irdischen Wesensstrom zu erfassen und mit dem Geistesquell seines kosmischen Urstands zu verbinden. Im gleichen Augenblick aber ist der Mensch nicht mehr in der Einsamkeit seines Ich «er allein», sondern «der Christus in ihm». Indem die Kraft des Auferstandenen in die Seele einzieht, wächst diese in «strahlendem Erinnerungsleben» über sich selbst hinaus in ihr höheres Ich-Wesen hinein. Und «die gewöhnliche Erinnerung, die auf *ein* Leben sich nur richtet, die wird sich ausdehnen auf die vorhergehenden Inkarnationen. Erinnerung ist jetzt eine Vorbereitung, aber ausgestaltet wird sie durch den Christus.»[61] Die ewige, menschliche Entelechie wird ihrer selbst gewahr im Lebensstrom der sich wiederholenden Erdenleben.

Wer so die Erinnerungskraft belebt, wacht im eigenen Innern auf für den Umgang mit den gleichen Kräften, die im Sphärenbereich Saturns ihren Ursprung haben. Rudolf Steiner hat diesen Planeten als «das wandelnde Gedächtnis unseres Planetensystems»[55] charakterisiert. Und so wie Jupiter als «der Denker» desselben mit der alten Sonnengesetzlichkeit verknüpft ist, hängt der heutige Saturn mit verborgenen, hochgeistigen Kräften zusammen, «die die Welt durchwallen» und der alten Saturnentwicklung entstammen. Es sind die karmischen Kräfte, die in der Gesetzmäßigkeit unseres «persönlichen Schicksals» wirken und als Schicksalsfrucht aus dem nachtodlichen Durchgang durch die Sternensphären sich ausbilden. «Wenn wir die Anordnung und Ausstrahlung der zwölf Tierkreiszeichen wie eine kosmische Schrift ins Auge fassen, wenn wir ins Auge fassen, welche Kräfteausstrahlungen sich hineinergießen in das Menschenleben von Widder, Stier, Zwillinge usw., dann denken wir im Sinne derjenigen Kräfte, die Saturn-Kräfte waren. Und wenn wir versuchen, das persönliche Karma im Zusammenhang zu sehen mit den Konstellationen, die sich auf diese Tierkreiszeichen beziehen, dann leben wir ungefähr in der Sphäre der Weltenbetrachtung, die angewendet werden müßte auf die Gesetze der alten Saturn-Epoche . . . lesen kann man dasjenige aus der Sternenschrift, was aus dem Kosmos heraus mit dem Menschenschicksal zusammenhängt. Wir können also sagen: Das, was so aus der Sternenschrift folgt, ist ein Rest der alten Saturn-Entwickelung.»[53]

Der Mensch des Bewußtseinsseelen-Zeitalters wird nur dann die auf ihn zukommenden großen Aufgaben bewältigen können, wenn er immer mehr in die beiden geschilderten Kräftebereiche erkennend hineinwächst, die so tief mit seinem wahren Wesen zusammenhängen. Dazu muß er Denken und Erinnern im Sinne der angeführten Meditationen an ihren göttlichen Ursprung anknüpfen. Er vermag es in dem Maße, wie er diese Fähigkeiten aus der Kraft des Auferstandenen belebt. Damit aber löst er sie von ihrer Bindung an die Physis los und überwindet so die Folgen des Sündenfalls in sich. Er wächst in eine neue, zukunftsträchtige Handhabung der verinnerlichten und individualisierten Kräfte von Jupiter und Saturn hinein. Dadurch befreit er sich von einem nur unbewußten Wirken dieser Planeten. Die hierdurch gewonnene Erkraftung macht es ihm zugleich nachtodlich möglich, das provisorische Leben in der Planetoidenregion langsam zu überwinden und in die fernsten, obersonnigen Planetenregionen einzutreten. Aus ihnen aber wird er dann mit erhöhten Kräften zum Dienst an der Erde zurückkehren.

Die Sternen-Weisen blickten einst zu Jupiter und Saturn empor, die im strahlendsten Glanz – mit der gegenüberstehenden Sonne verbunden – sich dreifach begegneten. Indem sie sich «zu einem höchsten Aufstieg zu ihrer Weisheit» erhoben, vermochten sie die bevorstehende Geburt des Heilandes aus dieser Himmelsschrift zu erkunden.

Der heutige Mensch aber vermag, für den Gang zur Geistigkeit der Welt erwachend, im eigenen Innern Jupiter- und Saturn-Kräfte zu belebendem Aufleuchten zu bringen und so die «Geburt des Christus in der menschlichen Seele» selbst vorzubereiten und zu erleben. Diese innere Begegnung mit der «Christus-Sonne» als dem individualisierten «Lichte der Welt» aber eröffnet auf allen Lebensgebieten neue, sinngebende Perspektiven und erfüllt zugleich mit der Kraft, diese als spirituelle Lebensideale zu verwirklichen. Denn «alles, was im Ich entsteht, soll werden so, daß es ein Entstandenes ist aus der durchchristlichten, durchgöttlichten Erinnerung».

Wie aber steht es mit der *Verbindung* der beiden Seelenkräfte, die sich in Gedanke und Erinnerung darleben? War nicht die Große Konjunktion ihrer kosmischen Repräsentanten Jupiter und Saturn Grundanliegen und wesentlicher Inhalt dieser Schrift?

Die Antwort auf diese Frage findet sich in der vierten und letzten Spruch-Metamorphose, die vor allen Dingen den spirituellen Willen anspricht und in die Zukunft weist:

> Im Urbeginne war die Kraft der Erinnerung.
> Die Kraft der Erinnerung soll werden göttlich,
> Und ein Göttliches soll werden die Kraft der Erinnerung.
> Alles was im Ich entsteht,
> Soll werden *so,*
> Daß es ein Entstandenes ist
> Aus der durchchristlichten, durchgöttlichten Erinnerung.
> In ihr soll sein das Leben,
> Und in ihr soll sein das strahlende Licht,
> Das aus dem sich erinnernden Denken
> In die Finsternis der Gegenwart hereinstrahlt.
> Und die Finsternis so, wie sie gegenwärtig ist,
> Möge begreifen das Licht der göttlich gewordenen Erinnerung.

Zum ersten Male werden hier in der zehnten Zeile Denken und Erinnern gleichzeitig angesprochen und zusammengefügt zu den Worten *«erinnerndes Denken»*. Die beiden Seelenkräfte bilden jetzt – gleichsam in innerer Konjunktion – eine Einheit, die als «strahlendes Licht . . . in die Finsternis der Gegenwart» hineinzustrahlen vermag. Es ist das gleiche Licht, das «Herzen erwärmend» und «Häupter erleuchtend» in der Christus-Anrufung der Grundstein-Meditation angesprochen wurde. Ähnlich wie dort gewinnt auch hier die Meditation gebetsartigen Charakter im Sinne einer Fürbitte: «Und die Finsternis, so wie sie gegenwärtig ist, möge begreifen das Licht der göttlich gewordenen Erinnerung.»

Die hier angeführten vier «Urbeginn-Meditationen» stellen ganz konkrete Schulungsmöglichkeiten dar auf dem Wege, der «das Geistige im Menschen mit dem Geistigen im Weltall verbinden möchte». Sie sind Gaben des Eingeweihten, der auf seinem eigenen Wege die Sphären von Jupiter und Saturn – die Zukunft vorausnehmend – bereits unmittelbar durchschreiten konnte. Er erschloß dadurch jene kosmischen Regionen, in welchen das Wesen ‹Anthroposophie› vornehmlich beheimatet ist.

Die Menschheit der Gegenwart, deren Bewußtsein zunächst ganz an die äußere Sinneswelt gebunden ist, braucht im Zeitalter der Bewußtseinsseele solche geistigen Hilfen, wie sie durch diese Meditationen gegeben sind. Ein Grund ist der folgende: Die Geistesforschung schildert, wie sich im menschlichen Gehirn seit Jahrhunderten ein Organ heranbildet, mit dessen Hilfe der Mensch in kommenden Inkarnationen auf seine früheren Verkörperungen zurückschauen kann. Diese anatomisch-physiologischen Veränderungen im Ätherleib und im physischen Leib hängen zusammen mit jener fortwährenden Umänderung der leiblichen Konstitution im Verlauf des platonischen Weltenjahres, von der schon gesprochen wurde. Im vorliegenden Falle ist es wiederum Jupiter, der in engem Zusammenwirken mit Saturn in jeder Nacht an diesem unbewußten Werdeprozeß tätig ist. Denn es handelt sich um eine Umarbeitung des Gehirns, also der Wirkensstätte Jupiters, in Beziehung zu der Kraft des Gedächtnisses, über die Saturn gebietet.

Rudolf Steiner machte darauf aufmerksam, daß für die rechte Handhabung solcher neuer Fähigkeiten allerdings bestimmte geistige Voraussetzungen notwendig seien. Andernfalls würden sich die Menschen den aufsteigenden Bildern ohne Verständnis wie ausgeliefert fühlen und in neurotische oder ähnliche psychopathologische Zustände verfallen. Der Mensch sollte daher schon jetzt vollbewußt die Idee von der Wiederver-

150

körperung als eine der wesentlichsten Wahrheiten, die seine eigene Existenz betreffen, *bewußt* denken lernen. Ohne diese Erkenntnis kann er den tiefen und eigentlichen Sinn seines Erdenlebens nicht erfassen, der wiederum unlösbar mit dem Christus als dem «Herrn des Karma» verbunden ist. Den neuen Fähigkeiten muß der Mensch also entsprechend geistig vorbereitet entgegenkommen. «Würde es einen Materialismus auf der Erde geben, der den Christus ableugnet, dann würden die Erinnerungen in Unordnung kommen. Dann würden immer mehr und mehr Menschen auftreten, deren Erinnerung chaotisch würde, die dumpfer und dumpfer sein würden in ihrem finstern Ich-Bewußtsein, wenn nicht Erinnerung in dieses finstere Ich-Bewußtsein hineinleuchten würde. Unser Erinnerungsvermögen kann sich nur dann richtig entwickeln, wenn der Christus-Impuls richtig geschaut wird.»[61]

In diese drohende Unordnung würde die neu aufkeimende Fähigkeit zur Rückschau in die früheren Erdenleben und in die Gesetze der Schicksalsbildung mit hineingezogen werden und sich deshalb, statt erleuchtend, krankmachend auswirken. Die Menschen würden nicht nur nach ihrem Tode unfähig bleiben, in die Sphären Jupiters und Saturns eintreten zu können, sondern würden auch das kosmische Zukunftsgeschenk auf Erden in Gestalt der erweiterten Erinnerungsfähigkeit mißbrauchen oder verlieren. Nur in Verbindung mit dem Christus-Impuls vermag der Mensch, ohne Schaden zu nehmen, in das Wissen seiner früheren Erdenleben und seines persönlichen Karmas hineinzuwachsen.

Wie aktuell heute solche Fragen geworden sind, zeigt die Tatsache, daß seit kurzem in der Psychotherapie und in Schulungskursen zur Selbstverwirklichung mit hypnotischen und anderen äußerst fraglichen Methoden der Versuch unternommen wird, eine Rückschau in frühere Erdenleben zu erzwingen oder Menschen ohne eine entsprechende Vorbereitung und Ich-Erkraftung in eine solche gleichsam hineinzukatapultieren (sog. Reinkarnationstherapie). Diese unlauteren Praktiken drohen das Ich zu schwächen und führen zumeist zu unkontrollierbaren Erlebnissen von illusionärem Charakter. Dies wird zum Beispiel ersichtlich, wenn behauptet wird, die Menschen würden in allen Verkörperungen das gleiche Geschlecht beibehalten oder sich alle 100 Jahre wiederverkörpern. Aus solchen Gegenbildern einer gediegenen geisteswissenschaftlichen Reinkarnationsforschung wird jedoch deutlich, daß die Zeit reif ist für solche Meditationen wie die angeführten. Diese haben zugleich einen seelen-hygienischen Charakter, indem wir lernen, durch sie «so zu empfinden, daß wir – in zeitgerechter Weise – verstehen, herüberzugehen in die folgenden Inkarnationen».[61]

XV

Die Wiederkehr
der dreifachen Großen Konjunktion
Häufigkeit und Rhythmenfolge

Vom menschlichen Innern kommend, wollen wir in diesem Kapitel nochmals zum Sternenhimmel selbst aufblicken. Bevor auf die Frage der Bedeutung der dreifachen Konjunktion des Jahres 1981 eingegangen werden kann, müssen wir uns über die Häufigkeit und eine etwaige Gesetzmäßigkeit des Auftretens der Verdreifachung der Großen Konjunktionen als solche orientieren.

Beim Verfolgen dieser Frage begegnen wir zunächst einer offenkundigen Unregelmäßigkeit. Wie schon erwähnt, ist das 20. Jahrhundert durch ein zweifaches Auftreten dieser besonderen planetarischen Konstellation im Abstand von 40 Jahren ausgezeichnet. Der dreifachen Begegnung von Saturn und Jupiter im Sternbild Widder in den Jahren 1940/41 folgte diejenige von 1981 in der Jungfrau. Andererseits fand weder im 19. noch im 18. Jahrhundert eine Verdreifachung statt, und die nächste ist erst im 3. Jahrhundert des neuen Jahrtausends, nämlich im Jahre 2279 zu erwarten. Der daraus sich errechnende zeitliche Abstand bis zur nächsten Verdreifachung beträgt 298 Jahre. Während die Spanne von 1941 bis 1981 nur 2 Intervalle Großer Konjunktionen umfaßt, umspannen die genannten 300 Jahre 15 Intervalle (15×19,86 = 297,9 Jahre). Dies ist zugleich – von ganz seltenen Ausnahmen abgesehen – der längste Zeitraum, der zwischen den dreifachen Konjunktionen liegen kann, während eine unmittelbare Aufeinanderfolge aus mathematisch-astronomischen Gründen nicht möglich ist. Somit ist der angeführte 40jährige Abstand zwischen 1941 und 1981 der kürzeste, der vorkommt. Die vorletzte Verdreifachung fiel in das Jahr 1683 ins Sternbild Löwe, umfaßte also 13 Intervalle. Andere Intervallmöglichkeiten sind 4, 6 und 7.

Wir verdanken dem verstorbenen Ingenieur Friedrich Nielsen eine tabellarische Berechnung aller dreifachen Konjunktionen der beiden großen obersonnigen Planeten für die Zeit von 2500 v. Chr. bis 2000 n. Chr., also durch einen Zeitraum von 4500 Jahren. Er bestimmte zugleich die Orte in den Tierkreisbildern, in welchen die Begegnungen stattfanden. Nielsen war zu dieser Arbeit durch die Veröffentlichung «Sternenschrift unseres Jahrhunderts»[65] angeregt worden. In diesen 4½ Jahrtausenden haben sich die Verdreifachungen der Großen Konjunktion 31mal wiederholt. Es ergibt sich daraus ein durchschnittlicher Abstand von rund 140 Jahren, so daß – ebenfalls durchschnittlich gesehen – nach jeweils etwa 7 Intervallen eine Verdreifachung zu erwarten ist. Zuletzt war dieser Fall eingetreten bei der Zeitspanne vor der ‹Königs-Konstellation› im Jahre 7 v. Chr., welcher eine Verdreifachung in den Jahren 146/45 im Sternbild Krebs vorangegangen war. Die Verdreifachung davor fiel in das Jahr 523 v. Chr. und demonstriert den bisher einmaligen Fall von 19 Intervallen.

Nielsen machte aber bei seiner umfangreichen Untersuchung eine wesentliche Entdeckung, die verdient, an dieser Stelle hervorgehoben zu werden, da unseres Erachtens dieser astronomische Tatbestand bisher nicht bekannt war. Er schreibt: «Jede der dreifachen Konjunktionen steht in der hier überschaubaren Zeitspanne zu mindestens *einer anderen* im zeitlichen Abstand von 7×7 = 49 Konjunktionen = 973,1 Jahren.»[65a] In der Tat zeigt sich, daß jeweils nach diesem Zeitraum im gleichen Sternbild – allerdings «im Mittel um 12,15 Grad nach links» verschoben – Saturn und Jupiter im strahlendsten Glanze ihre Begegnung verdreifachen. Unter den 31 berechneten Verdreifachungen ist keine zu finden, die nicht mindestens einmal in dieser Form wieder auftritt, also gleichsam als Zwillingspaar. In den meisten Fällen aber bilden sich ganze, durch die Jahrtausende hindurchziehende Reihen regelmäßig auftretender, verdreifachter Konjunktionen.

Blicken wir einmal auf die eingangs bereits erwähnte nächste, für das Jahr 2279 vorausberechnete dreifache Konjunktion in der Waage. Sie war bereits 973 Jahre zuvor, im Jahr 1306 in dieses Sternbild eingetreten und leuchtete zum ersten Male auf im Sternbild Jungfrau im Jahre 333 n. Chr. Dieses Jahr ist aus anderen Gründen sehr bedeutsam, – worauf hier hingewiesen sei –: Es ist die genaue Mitte der griechisch-lateinischen Kulturperiode, die von 747 v. Chr. bis 1413 n. Chr. währte, worauf wir noch zurückkommen werden. Zugleich ist es der zeitliche Mittelpunkt aller sieben nachatlantischen Kulturepochen, der also durch die Entstehung einer neuen Rhythmenfolge verdreifachter Konjunktionen ausgezeichnet ist.

Um dem Leser einen Überblick über dieses neue und ungewohnte Feld kosmischer Rhythmologie zu verschaffen, wurde versucht, den Gang aller einfachen, normalen und aller dreifachen Konjunktionen nach der Zeitenwende in einem Schema graphisch darzustellen (s. Schema, Seite 156/157).

In der Waagerechten ist der Zeitverlauf in Jahrhunderten festgehalten und in der senkrechten Linie sind die zwölf Tierkreisbilder (in ihrer verschiedenen Länge) als Ausgangspunkte parallel verlaufender Felder angegeben. Die einfachen Großen Konjunktionen sind durch kleine Sternfiguren (✳), die verdreifachten durch sechssternförmige Figuren (✡) gekennzeichnet. Das Schema wird von drei Reihen schräg aufsteigender großer Konjunktionen durchzogen, die mit den Buchstaben A, B und C versehen sind. In diesen Reihen finden die alle 60 Jahre im gleichen Sternbild sich wiederholenden großen Konjunktionen, die langsam durch alle zwölf Tierkreisbilder weiterwandern, ihren Niederschlag. Jede Reihe entspricht der Ecke des uns bekannten Trigons, das sich im gleichen Sinne durch den Tierkreis bewegt. In jeder schräg ansteigenden Konjunktionsfolge sind die verdreifachten Konjunktionen (✡) aufzufinden, die in sie relativ unregelmäßig eingestreut und mit ihrem Erscheinungsjahr versehen sind. Im linken Teil des Schemas ist die zeitliche Abfolge ihres erstmaligen Auftretens nach der Zeitenwende durch römische Ziffern festgehalten.

Gehen wir zum Beispiel dem Ursprung der dreifachen Konjunktion von 1940/41 im Sternbild Widder nach, die viele Leser wohl noch mit eigenen Augen in den Kriegsjahren beobachtet hatten (siehe im Schema rechts unten), so erleben wir eine Überraschung. Diese Dreierkonjunktion fand bereits im Jahre 967 n. Chr. statt und weist zurück auf den Angelpunkt unserer ganzen Betrachtung: auf die königliche Gestirnung im Jahre 7 v. Chr., da sie noch im Sternbild Fische stattfand (siehe im Schema links unten). Weiter zurückverfolgt, urständet sie im Jahre 1953 v. Chr. im Sternbild Wassermann und wanderte von dort im Jahre 980 v. Chr. in die Fische ein. Wir blicken damit zum ersten Mal auf eine sich durch vier Jahrtausende hindurchziehende Kette zusammengehörender dreifacher Konjunktionen. Ob sie schon vorher bestand und wie lang sie sich noch ins kommende Jahrtausend fortsetzen wird, könnte nur durch eine weitere Berechnung abgeklärt werden.

Dürfen wir angesichts solcher umfassender Himmelsphänomene, in

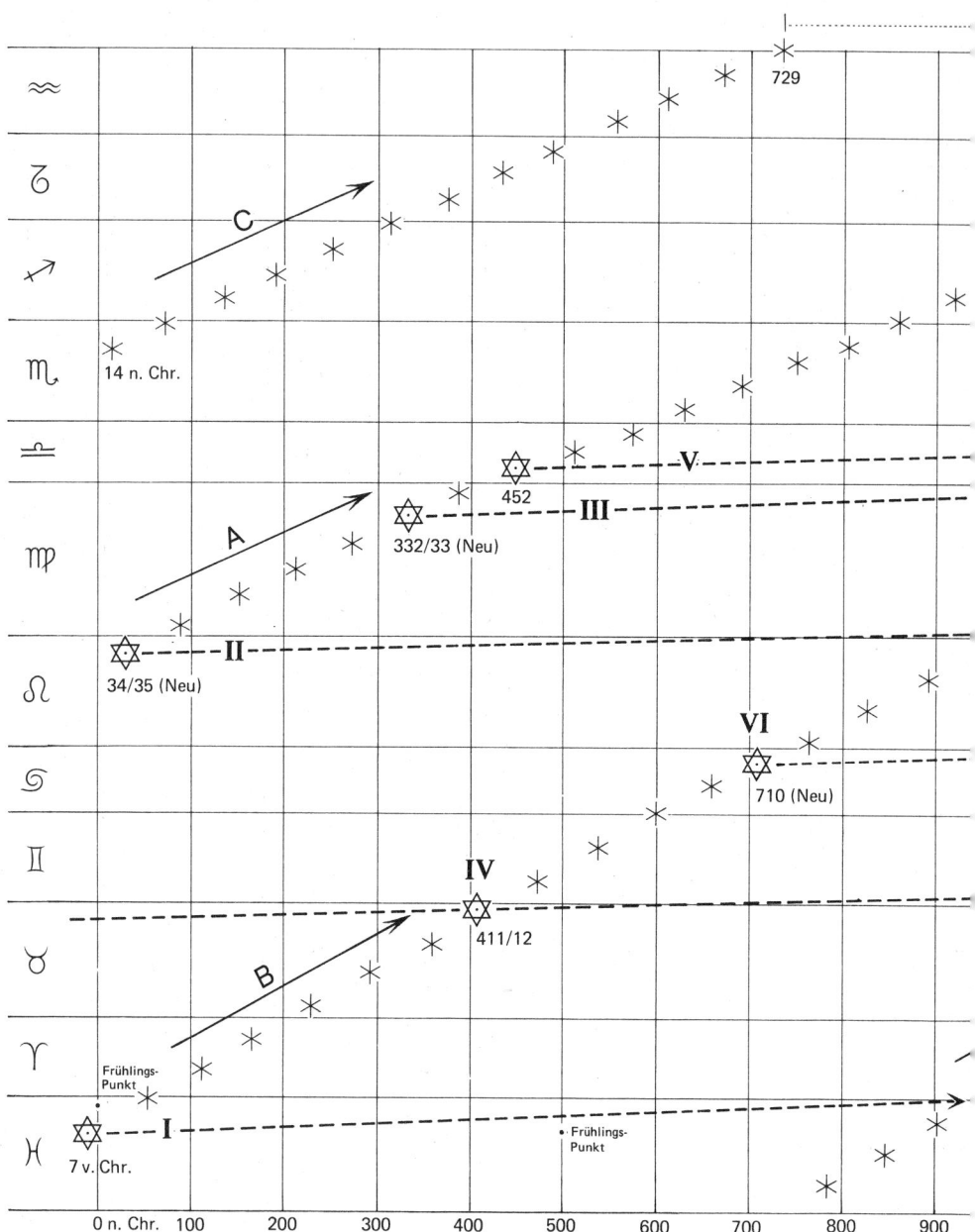

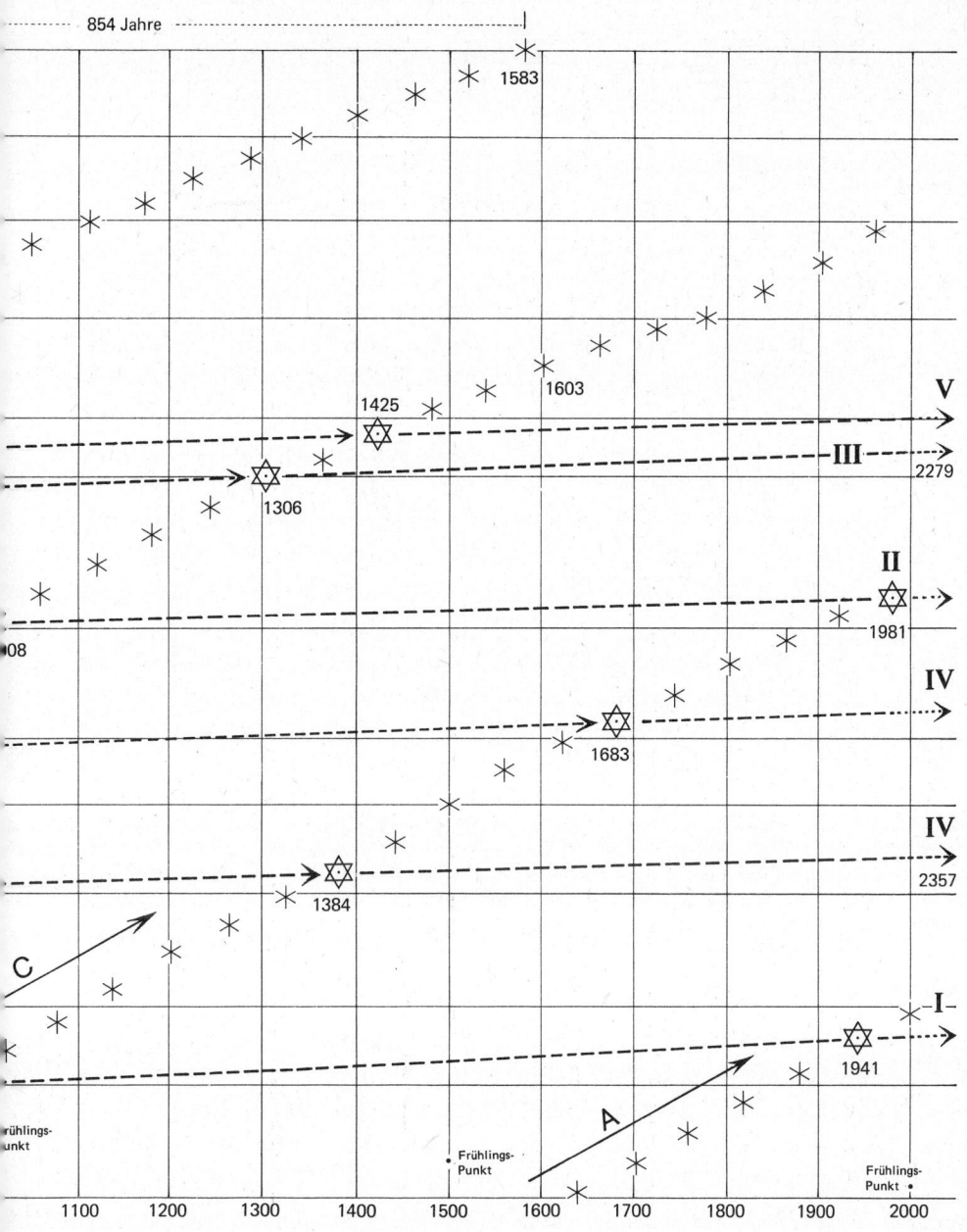

Erinnerung an den 800jährigen Sternenrhythmus des Wesens ‹Philosophie›, vielleicht auch auf ein erhabenes kosmisches Wesen hinblicken, das sich uns Erdenmenschen nur nach jeweils einem knappen Jahrtausend offenbart und eine Sternenbotschaft senden möchte?

Die tiefliegenden unteren Sternbilder Skorpion, Schütze und Steinbock bleiben merkwürdigerweise ausgespart. In ihnen finden in den genannten 4½ Jahrtausenden keine dreifachen Konjunktionen statt.

Die Entstehung solcher rhythmischen, sich in sich abrundenden Konstellationsfolgen ist in der Astronomie nichts Unbekanntes. Ähnliche Phänomene sind zum Beispiel von den Sonnen- und Mondfinsternissen her bekannt. Diese Finsternisse tauchen jedes Jahr in anderer und scheinbar unregelmäßiger Folge isoliert auf. Bei genauerem Zusehen erweist sich jedoch jede Sonnenfinsternis als Glied einer streng rhythmisch geordneten Reihe. Die gleiche Finsternis wiederholt sich im Sinne der sogenannten Saros-Periode nach jeweils 18 Jahren und 10 Tagen. Sie taucht erstmals als partielle Sonnenfinsternis in der Arktis oder Antarktis auf, steigert sich Schritt für Schritt bis zur Totalität und umwandert – wieder abklingend – die ganze Erde, um so am Südpol bzw. Nordpol zu verschwinden. Die Entwicklung einer solchen Saros-Reihe umfaßt rund 70 Einzelglieder und umspannt 1200 bis 1400 Jahre. Für die Mondfinsternisse gilt Ähnliches. (Wir dürfen hier auf die ausführlichen Darstellungen von Joachim Schultz in dem Buch «Rhythmen der Sterne» verweisen.)

Ein Überblick über unser Schema zeigt, daß der Tierkreis von insgesamt sechs Ketten (durch römische Ziffern gekennzeichnet) regelmäßig alle 973 Jahre aufleuchtender dreifacher Konjunktionen durchzogen ist, die durch die Jahrhunderte dahinziehen. Sie flechten sich wie goldene Fäden in den Sternenteppich ein, der sich im 20jährigen trigonalen Schritt der einfachen Konjunktionen von Saturn und Jupiter bildet und den Umkreis erfüllt. Das eigenartige Aufleuchten dieser Reihen, die geheimen Gesetzen folgen, verleiht dem Ganzen ein königliches, charakteristisches Gepräge.

Betrachten wir eine solche Reihenfolge verdreifachter Begegnungen im Hinblick auf ihr Verhalten zur Spitze des Trigons der Großen Konjunktionen, so ergibt sich folgendes: Sobald eine bestimmte Ecke des Trigons in dreifacher Konjunktion erglänzte, wandert diese Spitze – wie geschildert – unaufhörlich in ihren Schritten von 60 Jahren weiter

(s. Figur 2, S. 40). Die nächste Trigonspitze rückt langsam heran und erreicht nach 854 Jahren – eine einfache Große Konjunktion bildend – den Ort, wo die dreifache Konjunktion zuvor stattgefunden hatte. Sie übernimmt jetzt – gleichsam wie ein Stafettenläufer – deren Impuls. Nach einer weiteren Großen Konjunktion läßt sie ihn – 120 Jahre später – im Rhythmus der 973 Jahre erneut aufleuchten. Nach weiteren 954 Jahren übernimmt die dritte herannahende Trigonspitze das Geschehen in ähnlicher Weise. In den majestätischen Ablauf der verdreifachten Konjunktionsreihen ist also das ganze Trigon eingeschaltet. Es trägt die einzelnen Glieder der königlichen Gestirnung durch die Tierkreisbilder in den genannten Schritten von ca. 12° im 973jährigen Rhythmus weiter.

XVI

Kosmologische Aspekte zur Jahrtausendwende
Menschheitskrise im Lichten Zeitalter

Um die Bedeutung der dreifachen Großen Konjunktion des Jahres 1981 herauszuarbeiten, muß im folgenden noch auf einige Besonderheiten der achtziger und neunziger Jahre unseres Jahrhunderts unter bevorzugter Berücksichtigung rhythmologischer und kosmologischer Gesichtspunkte eingegangen werden. Es wird sich erst im Fortgang der Betrachtung herausstellen, daß dieser Umweg von der Sache selbst gefordert wurde.

Wir leben bereits im letzten Fünftel des 20. Jahrhunderts, und die Menschheit geht mit raschen Schritten dem Übertritt in ein neues Jahrtausend entgegen. Viele Menschen sehen dieser Zeitenschwelle mit Sorge und Bangigkeit entgegen, und vielfach breitet sich Weltuntergangsstimmung aus. Oft wird in sektiererisch gefärbter Weise auch von der herannahenden «Endzeit» gesprochen. Aber empfinden viele Menschen nicht zu Recht das Wetterleuchten der Kriegsereignisse, die uns das Jahrhundert gebracht hat, nur als Vorboten noch größerer Katastrophen apokalyptischen Ausmaßes? Viele Prophezeiungen meist atavistischer Seher weisen in die gleiche Richtung. Denn der Menschheitsorganismus wird in steigendem Maße von unbewältigten sozialen Krisen und Krankheitssymptomen erschüttert. Wirklich heilsame Ideen scheint es nicht zu geben. Ein sprechender Ausdruck dafür muß in den zwei Weltkriegen dieses Jahrhunderts und in der zunehmenden Polarisierung und Chaotisierung der sozialen Verhältnisse der Menschheit erblickt werden.

Rudolf Steiner hat als einer der ersten bei vielen Gelegenheiten bereits im ersten Viertel des Jahrhunderts eindringlich und weit vorausschauend von der Möglichkeit katastrophaler Entwicklungen wie der Barbarisierung Europas und eines auch äußeren Niedergangs der Zivilisation gesprochen. Allerdings verband er dies stets mit dem positiven Hinweis, daß dieser drohenden Entwicklung durch ein inneres Umdenken und durch das Aufgreifen und den Einsatz spiritueller Ideen heilsam begegnet werden könne und somit alles in Einsicht und Freiheit der Menschen gestellt sei. In den anfangs erwähnten Weihnachtsvorträgen von 1920 («Die Suche nach der neuen Isis, der göttlichen Sophia»), auf die wir eingangs dieser Schrift zurückgegriffen haben, finden sich zum Beispiel folgende Sätze: «Die soziale Frage, sie steht vor den Toren des Menschendaseins furchtbar fordernd. Sie hat Schreckliches gebracht in den letzten Jahren, sie wird immer drohender und drohender, und nur schläfrige Seelen können das Drohende übersehen. Europa schickt sich an, ein Trümmerhaufen der Kultur zu werden. Nicht anders wird es sich erheben aus einem chaotischen Zustande als dadurch, daß die Menschen die Möglichkeit finden, im sozialen Zusammensein echtes, wahres Menschentum wieder zu entwickeln.» Der kulturelle Trümmerhaufen aber droht in dem Maße auch die *äußere* Zertrümmerung der Zivilisation nach sich zu ziehen, wie die von der Entwicklung geforderten geistigen Auseinandersetzungen im Innern der Menschen und im sozialen Leben nicht bewältigt werden. Nur im Innern jedes einzelnen kann letzten Endes der spirituelle Durchbruch und zeitgeforderte Schwellenübertritt erfolgen, der in seinen positiven Auswirkungen äußeren Verhängnissen entgegenwirkt.

Auf diesem inneren Kampffeld aber ist jeder Mensch den Einwirkungen der Gegenmächte ausgesetzt, die das Geistbewußtsein verdunkeln und das Willensleben emotionalisieren wollen. Nun ist es ein erschütterndes Ergebnis der Geistesforschung, daß um jede Jahrtausendwende diese Angriffsmöglichkeit des Bösen eine höchste Steigerung erfährt. Rudolf Steiner hat darüber am 7. März 1914 in Stuttgart gesprochen. Es war derselbe Tag, an dem abends in Pforzheim der Vortrag über die Metamorphosen des Logos stattfand, auf den wir in Kapitel XIV ausführlich eingingen. Aus den nachträglich von Karl Stockmeyer erstellten Notizen[66] der nicht mitgeschriebenen Ausführungen entnehmen wir folgende wesentliche Hinweise: «Bei jedem Jahrtausend haben die luziferischen und ahrimanischen Geister eine besondere Macht . . .» Wir stehen vor der «Tatsache, daß bei jedem Jahrtausend, also im Jahre 1000, 2000 usw., ein besonders starker Angriff Luzifers und Ahrimans vereint stattfindet . . . Diese Tatsache lebt noch in dem Volksglauben, daß während tausend Jahren Luzifer und Ahriman an der Kette liegen und daß sie dann für kurze Zeit losgelassen werden.» Es wird dann geschildert, wie in den vorchristlichen Jahrtausendwenden jeweils «ein besonders starker Einfluß der guten, fortschreitenden Mächte stattfand, der diese vereinigte luziferisch-ahrimanische Wirkung im Zaum hielt und ein besonderes Gutes daraus entstehen ließ». Dies habe sich unter anderem in großartigen Bauimpulsen ausgedrückt. «Im Jahre 3000 v. Chr. wurden die Pyramiden gebaut, im Jahre 2000 kamen die Hüttenbauten (Abrahams Zeitalter). Im Jahre 1000 v. Chr. wurde der Tempel Salomons vorbereitet . . . In den nachchristlichen Zeiten aber konnten die guten, fortschreitenden Geister nicht mehr so eingreifen; die Menschheit wurde überlassen den Angriffen Luzifers und Ahrimans. Diese erreichten jedenfalls dieses, daß sie das Denken der Menschen verwirrten, daß sie einen Irrtum Zugang finden ließen, den Irrtum von dem herannahenden physischen Ende der Welt. Sie haben immer ein Interesse daran, daß die Dinge viel zu räumlich-zeitlich vorgestellt werden . . .»

Angesichts der selbstgeschaffenen atomaren Bedrohung im Sinne des ‹Overkills› droht auch heute wieder der Gedanke an ein totales physisches Ende der Menschheit um sich zu greifen. Dadurch breitet sich das Gefühl der absoluten Sinnlosigkeit allen Lebens, eine Hoffnungslosigkeit und Willenslähmung aus. Dem kann nur begegnet werden durch ein Wissen um die geistigen Schöpfermächte, welche die Menschheitsevolution seit Äonen lenken und begleiten. Sich mit ihnen verbindend, kann der Mensch auch eine größte Krise durchstehen. Das heißt nicht, vor den drohenden Niedergängen und den durchzumachenden schwersten Prüfungen die Augen zu verschließen. Die Menschheit wird durch solche Heimsuchungen hindurchgehen müssen. Denn «diese ahrimanischen Geister sind es, die jetzt wiederum ihren Einfluß geltend machen, da wir uns dem Jahr 2000 nähern . . . Man kann es ohne Sentimentalität sagen: die europäische Menschheit geht furchtbaren Zeiten entgegen . . . Verwirrung und Verwüstung wird herrschen, wenn das Jahr 2000 herannaht. Und dann wird auch von unserem Dornacher Bau kein Holzstück (gemeint war das erste Goetheanum, der Verf.) mehr auf dem anderen liegen. Alles wird zerstört und verwüstet werden. Darauf werden wir von der geistigen Welt aus herabschauen.» Aber es ist aus tieferer Einsicht heraus zu erkennen, daß die Entwicklung der Menschheit trotzdem weitergehen wird. Das Verschwinden überholter Lebensformen und einer korrupten Zivilisation wird schließlich gerade erst den Raum freigeben für die Verwirklichung ganz neuer spiritueller Impulse. «Wenn das Jahr 2086 kommt, wird man überall in Europa aufsteigen sehen Bauten, die geistigen Zielen gewidmet sind und die Abbilder sein werden von unserem Dornacher Bau mit seinen zwei Kuppeln. Das wird die goldene Zeit sein für solche Bauten, in denen das geistige Leben blühen wird.»[66]

In diesem Zusammenhang weist Rudolf Steiner auf eine innere Beziehung des Goetheanum-Holzbaues zu den Holzbauten der Normannen hin. Deren Bauart hat unter anderem in den Stabkirchen einen Niederschlag gefunden, die unmittelbar nach dem ersten Jahrtausend in Norwegen entstanden sind.

Er betonte aber, daß «das Neue, das kommen sollte, sich nicht durchringen konnte infolge der entgegenwirkenden Kräfte Luzifers und Ahrimans . . . Gewisse Linien sind darin veranlagt, aber nicht weiter ausgearbeitet, weil der ahrimanische Einfluß es verhinderte.» Es wird dann geschildert, wie sich über die Maurenkultur unter anderem die Hufeisen- und Spitzbögen durchsetzen als unmittelbarer Ausdruck eines «antichristlichen Einschlages», so «daß wir aus dem Jahre 1000 nicht die Bauwerke finden, wie aus früheren Jahrtausenden». Dann aber wird von Rudolf Steiner der mit dem Goetheanum verbundene neue Bauimpuls des 20. Jahrhunderts in unmittelbare Beziehung gesetzt zur bevorstehenden Jahrtausendwende: «Jetzt soll aber von neuem die Architektur für das neue Jahrtausend geschaffen werden. Jetzt müssen wir ausdrücken die runden Linien, die Ahriman in den normannischen Bauten unterdrückte, wir müssen auslassen gewisse Linien, die man in ihnen findet, dann hat man unseren Dornacher Bau, die wahre Fortsetzung der Holzbauten der Normannen.» Mit der inneren Beziehung und Verwandtschaft der beiden Bauimpulse hat sich Architekt H. Aisenpreis beschäftigt in einem Aufsatz über «Die Holzbauten der Normannen und der erste Goetheanumbau».[84]

Zum künstlerischen Ur- und Grundimpuls des Goetheanum-Baues aber gehört ein Element, auf das Rudolf Steiner unter anderem in einem der Karma-Vorträge mit den folgenden Worten hinweist: «Die dem heutigen modernen Menschen angemessene Architektur, die seinen Blick in der richtigen Weise abfangen könnte und die sein naturalistisches Schauen, das ihm das Karma verdeckt und verfinstert, allmählich in die Anschauung des Karma hätte hereinbringen können, das stand da draußen in einer gewissen Form da . . . und unter allem andern, was schon hervorgehoben worden ist, was gerade dieses Goetheanum, dieser

Goetheanum-Bau mit der Art und Weise, wie in ihm immer mehr und mehr Anthroposophie getrieben worden wäre, die Erziehung zum karmischen Schauen. Diese Erziehung zum karmischen Schauen, sie muß in die moderne Zivilisation herein . . .»

Dieses Motiv des immer bewußteren Hineinwachsens in die Gesetzmäßigkeiten des Schicksals im Gang der wiederholten Erdenleben haben wir bereits eingehend berührt, als von der Möglichkeit und Notwendigkeit der Verchristlichung der Erinnerungskräfte, also der Saturnkräfte in uns, die Rede war. Jetzt erfahren wir, daß diesem zentralen meditativen Bemühen eine wesentliche Hilfe von außen her erwachsen kann und soll durch den Anblick entsprechender Bauformen, die ihren Ursprung in zeitgemäßen, spirituellen künstlerischen Impulsen haben.

Daraus aber wird ersichtlich, daß im Aufgreifen des Karma-Gedankens, der uns zum Bewußtsein unseres wahren, unvergänglichen Menschen-Ich führt, die geistige Rüstung entsteht, mit welcher der Mensch, in rechter Weise gewappnet, den Angriffen der Gegenmächte um die Jahrtausendwende begegnen kann. Das «Erkenne dich selbst», «Gnoti sauton», das über der Pforte des Apollon-Tempels in Delphi stand, verwandelt sich im Goetheanum-Bau zu einem vertieften Angesprochenwerden durch die organischen Bauformen im Hinblick auf eine Selbst-Erfahrung der menschlichen Entelechie. Der Bau spricht auf seine Art: «Im Urbeginn ist die Erinnerung.»

Was aber hat die scheinbar so abstrakte Jahreszählung und die Zahl 1000 mit der Wirklichkeit geistiger Wesen zu tun und mit der Möglichkeit ihrer verstärkten, rhythmisch sich wiederholenden Angriffe auf die Menschheit? Hier einen Zusammenhang sehen zu können erfordert die Anerkennung der Qualität der Zahlen, um deren Geheimnisse die alte Mysterienweisheit, wie sie etwa bei den Pythagoräern noch gepflegt wurde, gewußt hat. In unserem Falle handelt es sich um das Durchschauen der Entstehung des Dezimalsystems, «das heute das vorherrschende ist» und seine besonderen geistigen Qualitäten; denn «jedes Zahlensystem wird von bestimmten Geistern in die Welt gebracht und ein jedes hat die Neigung, gewisse Tatsachen und Zusammenhänge von Tatsachen klarer zu zeigen und andere zu verdunkeln, zurücktreten zu lassen. In dem Zehnersystem wirken nun sehr stark die ahrimanischen Impulse.» Im allgemeinen halten die luziferischen und ahrimanischen Gegenmächte sich das Gleichgewicht. «In dem Jahrhundert aber, wo man schrieb 9.., also auch in unserem Jahrhundert 19.., wenn es gegen das neue Jahrtausend geht, vereinigen sie sich und wirken zusammen auf die Menschen ein.»[66]

Warum aber scheint die jetzt bevorstehende Jahrtausendwende im Vergleich zu allen vorangegangenen, was die innere und äußere Bedrohung der Menschheit anlangt, solche gigantischen und globalen Ausmaße von bisher unbekannter Größenordnung anzunehmen? Muß doch auch die Geisteswissenschaft davon sprechen, daß gegen das Ende dieses Jahrhunderts ein geistiger Entscheidungskampf bevorsteht, dessen Ausgang das Schicksal der Menschheit für viele Jahrtausende bestimmen wird! Ein übergeordneter Gesichtspunkt ist in der Tatsache zu sehen, daß wir seit dem Beginn des 20. Jahrhunderts aus dem 5000 Jahre währenden Finsteren Zeitalter, dem Kaliyuga, in ein Lichtes Zeitalter eingetreten sind. Seinem spirituellen Licht aber stellen sich in gesteigertem Maße alle alten Finsterniskräfte entgegen, die das in ihren Bereich hereinstrahlende Licht nicht begriffen haben oder nicht begreifen wollen. Der eigentliche Durchbruch zu diesem Licht, das seinen Urquell in der Ostersonne hat, muß von der Menschheit erst erkämpft werden. Bei diesem Kampf verbünden sich die Gegenmächte vor allen Dingen mit zwei Impulsen, die zeitlich mit dem Ende des Jahrhunderts zusammenfallen und die Krise der Jahrtausendwende zu einer zuvor noch nie erlebten Steigerung führen. Es handelt sich erstens um die Wiederkehr des Halleyschen Kometen im Jahre 1986 und zweitens um das Geheimnis der Zahl des Tieres 666 und den damit verbundenen Rhythmus.

Zur Wiederkehr des Halleyschen Kometen

Unter den vielen kleinen und größeren (nur einmal auftauchenden oder wiederkehrenden) Kometen ist der Halleysche Komet einer der größten. Als unübersehbare Himmelserscheinung, die sich alle 76 Jahre wiederholt, begleitet er die Menschheit seit mehr als 2000 Jahren. Sein Erscheinen im Jahre 1910 war für den Geistesforscher der Anlaß, das Wesen der Schweifsterne überhaupt und insbesondere die Bedeutung des Halleyschen Kometen zu untersuchen. Denn auch jeder Komet hat eine geistige Seite und bringt einen entsprechenden Impuls mit, dessen Einschlag in

den astralischen Welten weiterwirkt in der Menschheit. Dem Halleyschen Kometen kommt dabei eine Sonderrolle zu. Er hatte vor allem in
dem erwähnten Kaliyuga die kosmische Aufgabe, die Menschheit immer
mehr in die Leiblichkeit hineinzuführen und mit der Erde selbst zu
verbinden. Zur Erringung der Freiheit des Menschen war dieser
Abschnürungsprozeß von der Geistwelt, der in den Materialismus hin-
einführt, notwendig. So bringt der Halleysche Komet «jedes Mal, wenn
er in die Sphäre unseres Erdendaseins hineinkommt . . . einen neuen
Impuls zum Materialismus . . . Dieser Impuls kann nachgewiesen werden: auf das Erscheinen des Halleyschen Kometen vom Jahre 1835 folgte
jene materialistische Zeitströmung, die man bezeichnen kann als den
Materialismus der zweiten Hälfte des vorigen Jahrhunderts; auf die
Erscheinung vorher (1759) folgte die materialistische Aufklärerei der
‹französischen Enzyklopädisten›. Das ist der Zusammenhang.»[67]
Der Kometen-Impuls, der das menschliche Ich herausführt in seiner
Begriffsbildung auf den materiellen Plan, wirkt über die Durchgestaltung des physischen und ätherischen Leibes bis in die Gehirnbildung
hinein in der Weise, «daß dieser physische und Lebensleib der Menschen
in der Tat Organe, feine Organe schaffen, die der Fortentwicklung des
Ich angemessen sind . . . Was hat es bewirkt, daß die Menschen des 19.
Jahrhunderts (zuvor werden Büchner, Vogt und Molleschott erwähnt,
der Verf.) überhaupt ein zum materialistischen Denken geeignetes physisches Gehirn und den geeigneten Ätherleib hatten? . . . Das hat der 1835
erschienene Halleysche Komet auf dem Gewissen.» Ähnliches wird
dann für «die Gehirne des Aufklärungszeitalters» gesagt: «Das ist eine
zentrale Wirkung in bezug auf den Halleyschen Kometen.»[68] Sie hängt
mit luziferischen Geistern zusammen, die auf der alten Mondenstufe
zurückgeblieben sind.
Diese Wirkung steht in offensichtlichem Gegensatz zu jener im
800jährigen Rhythmus fortlaufenden feinen Umbildung des menschlichen Gehirns und der Gesamtorganisation, von der wir anläßlich der
Entwicklung des Wesens ‹Philosophie› gesprochen haben. Der äußere
Ausdruck dieser «oppositionellen» Aufgabe des Halleyschen Kometen
ist die Tatsache, daß er sich *gegensinnig* zur Umlaufrichtung des ganzen
Planetensystems mit seinen Wandelsternen und Monden bewegt.
Da im lichten Zeitalter die angedeutete kosmische Aufgabe des Kometen abgelaufen ist, muß der in der menschlichen Organisation hervorge-

rufene Spannungszustand im 20. Jahrhundert zu einer Krise führen, an der fast alle abendländischen Menschen teilhaben. Die Menschheit muß sich aus der notwendig gewesenen Phase des Materialismus herausarbeiten und bewußt dem niederziehenden Impuls des Schweifsterns entgegenstellen. Sonst werden die Kräfte, welche wir «mit dem neuen Erscheinen des Halleyschen Kometen aus dem Weltall zugesendet erhalten, . . . die Menschheit in einen noch flacheren, in einen noch abscheulicheren Materialismus herunterführen können. Geboren werden kann etwas, was sich vielleicht selbst die flachsten Flachlinge des Büchnerianismus nicht denken können. Diese Möglichkeit muß gegeben sein. Denn nur, wenn der Mensch die ihm widerstrebenden Mächte überwindet, kann er sich die hinaufführenden starken Kräfte aus dem Weltall aneignen.»[69]

Der Halleysche Komet stellte also den Menschen in seiner Bewußtseinsseele zu Beginn des Jahrhunderts vor eine große Prüfung, die höchste Wachheit erforderte. Wurde sie bestanden? Sie kommt auf jeden Fall mit dem Jahre 1986 erneut auf uns zu. «Und erst der versteht Geisteswissenschaft recht, der sich für diese Entscheidung das Verständnis aneignet. Hindurchschreiten müssen wir durch die Prüfung, die uns auferlegt wird durch Zeichen des Himmels und die wir jetzt erkannt haben zum Beispiel in dem Erscheinen des Halleyschen Kometen.»[69]

Die durch diesen Kometen mit hervorgerufene Krise des menschlichen Denkens, von dessen zeitgerechter Weiterentwicklung Gesinnung und Taten der Menschen in Zukunft abhängen, berührt auch die oben erwähnte Entwicklung des Wesens ‹Philosophie›. Denn dieses steht im Jahre 2000 mitten darinnen in der Epoche der Ausbildung seiner Bewußtseinsseele. In dem angeführten Vortrag vom 10. Januar 1915 wird ausgeführt, wie sich durch den Zusammenhang der Entwicklung des Denkens mit der Gesetzmäßigkeit der alten Sonne ahrimanische Wesen in diese Entwicklung einzuschleichen vermögen. Denn diese sind hohe Geister, die auf der alten Sonnenstufe zurückgeblieben sind. «Deshalb stehen wir heute an einer Wende auch des äußeren philosophischen Denkens, deshalb muß dieses philosophische Denken, um nicht den Verlockungen Ahrimans zu verfallen, um nicht mephistophelische Weisheit zu sein, hinter diese Wesenheit kommen, muß sie erfassen, um einzumünden in die Geisteswissenschaft.»[53] Je mehr sich die Menschen aber auch den niederziehenden luziferischen Impulsen des Halleyschen Kometen übergeben werden, um so mehr wird ihr Denken den ahrimanischen Wesen zugänglich. Das gesteigerte Zusammenarbeiten beider Gegenmächte wird nach 1986 sicher wieder bis in die Durchgestaltung und Verhärtung der menschlichen Gehirne hineinwirken und auch deshalb zu einem Höhepunkt der Lebenskrise des Wesens ‹Philosophie› führen. Aus diesem Grunde sollte das philosophische Denken, das es bis zum «freien, emanzipierten Gedankenleben in der Bewußtseinsseele» gebracht hat, bereits jetzt die Zukunft vorbereiten und das erfassen, «was vom Geistselbst kommt – zunächst philosophisch –, da sonst die Philosophie in die Dekadenz verfallen, sich auflösen müßte.»[53] Ein solcher Niedergang der Philosophie, den die Gegenmächte anstreben, hätte aber katastrophale Folgen für eine Menschheit, die sich dann vom Erfassen des Geistigen endgültig abzuschnüren drohte. Er würde einerseits die Fortentwicklung des Wesens ‹Philosophie› im Sinne der Anthroposophie verhindern und andererseits die Menschheit von diesem Wesen und von dem Erreichen ihrer eigenen Zukunftsziele abschneiden.

Die Menschheit muß aber zu einer Verchristlichung ihrer Seelenfähigkeiten, vor allen Dingen zunächst des Denkens kommen, um wenigstens den Anschluß an die unterste Ebene der übersinnlichen Welten, an die Sphären des Ätherischen, neu zu finden. Diese kosmischen Lebensbereiche wurden in alten Zeiten als das Land «Schamballa» erlebt. «Dieses ätherische Gebiet liegt jetzt schon vor demjenigen ausgebreitet, der seine esoterische Schulung bis zur Erleuchtung gebracht hat.»[70] Es muß aber nach und nach für das Bewußtsein der ganzen Menschheit erobert werden, um bis in die Lebenspraxis in Technik, Landwirtschaft und andere Lebensbereiche befruchtend zu wirken. Deshalb schließt einer der Vorträge über die Bedeutung des Halleyschen Kometen im Jahre 1910 mit den eindringlichen Worten: «So also steht die Menschheit vor der Entscheidung: Entweder mit dem, was durch den Halleyschen Kometen kommt, heruntergeführt zu werden in eine Finsternis, die noch *unter* dem Kaliyuga liegt; oder aber sie hat die Möglichkeit, durch theosophisches Verständnis nicht zu übersehen dasjenige, was veranlagt ist aus neuen Fähigkeiten . . . Das ist der große Punkt am Scheidewege: entweder hinunter – oder hinauf; entweder in etwas, was als ein Welten-Kamaloka noch unter dem Kaliyuga liegt, – oder in das, was den Menschen möglich macht, jenes Gebiet zu betreten, was in Wahrheit gemeint ist mit der Bezeichnung ‹Schamballa›.»[67]

Sicher konnten sich nur wenige Zuhörer vor über 70 Jahren eine konkrete Vorstellung von einem ‹Welten-Kamaloka› bilden, obwohl der Erste Weltkrieg vor der Türe stand. Heute, wo in allen Zeitungen und Medien Worte wie «atomares Inferno» oder «atomarer Holocaust auf der nördlichen Halbkugel»[71] gebraucht werden, zeigt sich erst der ganze Ernst und die Aktualität der damaligen Beurteilung der Weltlage durch Rudolf Steiner. Dies sollte jedoch nur einen um so größeren Ansporn erzeugen, geistig gegenüber dem «gefährlichen Einfluß» des erneut herannahenden, mit den Gegenmächten zum Kampf um die Jahrtausendwende sich verbündenden Halleyschen Kometen gerüstet zu sein und seine Einwirkung «wettzumachen». Zumal, wie wir noch sehen werden, die guten Mächte der geistigen Welt auf einen solchen freien Einsatz des Menschen warten, um ihm dann weiterzuhelfen.

666 – die Zahl des Tieres

Nur derjenige wird die Tiefe der Krise und die wahre Gefährdung, die mit der Jahrtausendwende auf die Menschheit zukommen, richtig einzuschätzen wissen, der auch den antigeistigen Impuls der Gegenmächte in Betracht zieht, welcher mit dem Geheimnis der Zahl 666 verbunden ist. Denn die vielfältigen physischen Vernichtungsmöglichkeiten, welche durch die Aufrüstung aller Völker geschaffen sind, decken, indem sie Furcht und Resignation verbreiten, die wahren geistigen Hintergründe und die eigentliche Ebene der Menschheitsgefährdung zu. Doch leuchten sie in der Offenbarung des Johannes um so deutlicher auf. Der Apokalyptiker schließt das Kapitel, in welchem er das Aufsteigen des siebenköpfigen Tieres aus dem Meer und des zweigehörnten aus der Erdfeste schildert, mit den Worten: «Hier ist Weisheit! Wer Verstand hat, der überlege die Zahl des Tieres: denn es ist eines Menschen Zahl, und seine Zahl ist sechshundertsechsundsechzig» (Offbg. 13,18). Diese Zahl ist mit zwei verschiedenen, tiefgreifenden Aspekten verbunden, auf die hier eingegangen werden soll. Zunächst sei auf ihre Wechselbeziehung zur Zahl Sieben hingesehen.

Wie aus dem Kapitel «Die Weltentwicklung und der Mensch» in dem Werk «Die Geheimwissenschaft im Umriß» von Rudolf Steiner hervorgeht, verläuft die gesamte kosmische Evolution in großen, rhythmisch gegliederten Phasen. Diese spielen sich alle im Sinne der Sieben-Zahl ab und gliedern sich in immer kleinere Siebener-Perioden. Solche Epochen treten uns zum Beispiel in den sieben nachatlantischen Kulturperioden entgegen, die dem Rhythmus des platonischen Weltenjahres folgen. So erweist sich die Sieben als die Ur-Zahl aller in der Zeit verlaufenden, regelrechten Entwicklung, wie diese durch die guten Mächte vorgesehen ist. Diesem Entwicklungsgesetz stellen sich die bösen Mächte entgegen und erblicken ihre Chance darin, den Menschen immer vorzeitig, schon nach Ablauf einer 6. Epoche zu verhärten und von der fortschreitenden Entwicklung abzuschnüren. «So sehen wir, daß mit dieser Sechs-Zahl, ob sie nun einfach oder doppelt oder dreifach auftritt, etwas Schlimmes für die Menschheitsentwicklung verknüpft ist.» Die Zahl 666 bedeutet, so gesehen, «das Prinzip, das den Menschen zur völligen Verhärtung führt im äußeren physischen Leben, so daß er geradezu von sich stößt, was ihn befähigt, die niederen Prinzipien abzustreifen und hinaufzusteigen zu den höheren.»[72]

Wie wir bereits gesehen haben, ist das Gesetz der Sieben-Zahl auch mit den Generationsfolgen der beiden Jesusknaben verknüpft, auf deren Zahlengeheimnisse Rudolf Steiner in den schon angeführten Vorträgen über das Matthäus-Evangelium ausführlich einging. Danach hängt die nathanische Linie mit den zwölf mal sieben, also 84 Stufen zusammen, welche zugleich, wenn sie innerlich durchlebt werden, «zu den geistigen Geheimnissen des Weltenraumes führen. Sie hängen vor allem mit der Zwölfheit des Tierkreises zusammen.»[73] Die 42 Generationen (also sechs mal sieben), welche die Geburt des salomonischen Jesusknaben vorbereiteten, haben wir als einen Abglanz des planetarischen Rhythmus der Großen Konjunktionen darstellen können. Es soll hier nochmals näher darauf eingegangen werden. Es müßten eigentlich sieben mal sieben, also 49 Stufen sein. Die letzten – fehlenden – sieben Stufen sind mit einem besonderen Geheimnis verbunden, das geeignet ist, ein Licht auf das Wesen der Sechs-Zahl zu werfen. Hierzu nochmals Rudolf Steiner: «Es wird zwar die ganze Evolution des physischen Leibes und des Ätherleibes erst vollendet wirklich nach dem Gesetz der Sieben-Zahl, nach sieben mal sieben Generationen; aber für die letzten sieben Generationen ist schon eine vollständige Umwandlung erreicht; da ist von den ersten Generationen nichts mehr vorhanden. Was also für uns in Betracht kommt, haben wir zu suchen innerhalb von sechs mal sieben;

wenn aber die Sieben-Zahl voll wird, haben wir etwas vor uns, was schon als etwas Neues anzuerkennen ist. Bei jenem Gebiet, in das man nach den 42 Generationen hineinkommt, hat man es nicht mehr mit einem menschlichen – sondern mit einem *übermenschlichen* Dasein zu tun. Wir unterscheiden also sechs mal sieben Generationen, die durchaus an die Erde sich halten, und was darüber ist, die Sieben mal Sieben, das führt schon über die Erde hinaus: das ist die Frucht für die geistige Welt. Nach der Sechs mal Sieben geht die Frucht auf, die dann bei der Sieben mal Sieben für die geistige Welt herauskommt.»[73]

Es ist stets die Absicht der bösen Mächte, sich dieser «Frucht für die geistige Welt» zu bemächtigen. Zwischen der sechsten und siebten Stufe, von denen die letztere erst die eigentliche Vollendung bringt, liegt deshalb ihr Angriffspunkt. Dieses Geheimnis wird an der Bedrohung der salomonischen Generationsfolge historisch offenbar, wenn wir an den Kindermord von Bethlehem denken: Herodes wurde – im zeitgerechten Augenblick – zum Instrument der bösen Mächte, welche durch ihn die Inkarnation Christi genau nach dem vollzogenen Ablauf der sechs mal sieben Generationen verhindern wollten. Wir stehen vor einem Angriff desjenigen Ungeistes, welchen Rudolf Steiner als den Sonnendämon und mächtigen Gegner des Sonnengeistes selbst charakterisiert. Sein Name war in den alten Weisheitsschulen als Sorat bekannt. Dieser «Gegner des Lammes» ist das radikal Böse, das nur dort eingreifen kann, wo ihm durch ein vorangegangenes Zusammenwirken von Luzifer und Ahriman die Tore zu den Menschenseelen geöffnet werden.

Ein zweiter wesentlicher Aspekt der Zahl des Tieres, hinter welcher sich der Sonnendämon verbirgt, ergibt sich aus der Tatsache, daß sich seine Zahl dem Zeitenlauf der menschlichen Geschichte eingeprägt hat. In diesem Zusammenhang verweist die Geisteswissenschaft auf die entscheidende und verhängnisvolle Bedeutung des Jahres 666 n. Chr. Es war der Zeitpunkt, in dem durch gewisse Verhältnisse des Zusammenwirkens der luziferischen und ahrimanischen Mächte die Möglichkeit bestand, die gesamte Menschheit von ihrer vorgesehenen Entwicklung abzuschneiden. Durch eine Vorausnahme der Bewußtseinsseele mittels der Intelligenzkraft des damaligen Arabertums hätte dies gelingen können. Die glanzvolle Schule von Gondischapur war ein Ausdruck dieser Geistesströmung. Eine «teuflische Weisheit»[74] hätte die Menschen zu früh mit den Kräften der Erde verbunden und die normale Ausreifung des Ich verhindert. Diesem drohenden Unheil, das auf Sorat zurückgeht, wurde durch das Mysterium von Golgatha entgegengewirkt.

Wie schon erwähnt, war das Jahr 333 n. Chr. die Mitte der nachatlantischen Großperiode und zugleich des griechisch-römischen Kulturzeitraumes. Die Zeitenwende erfolgte nicht zufällig 333 Jahre zuvor. Dadurch konnte der Christus-Impuls dem welthistorischen Angriff der Gegenmächte rechtzeitig entgegentreten, der 666 Jahre später über den Arabismus erfolgte. In diesem Ringen um das Gleichgewicht der Menschheitsentwicklung bildet das Jahr 333 n. Chr. selbst eine Art Hypomochlion. Aber trotz der Einwirkung des vorangegangenen Christus-Ereignisses und der ‹Abstumpfung› des Arabismus durch den einseitig luziferisch orientierten Mohammedanismus, erlitt die Menschheit einen ‹Knacks› bis in die physische Leiblichkeit. Er äußert sich heute noch unter anderem in der Neigung zum Atheismus, den Rudolf Steiner als eine «Krankheit» charakterisiert, die mit einer Verhärtung des physischen Leibes zusammenhängt.

Nun stehen wir aber vor der eigentümlichen Tatsache, daß sich diese Zeitspanne der 666 Jahre, die sich durch den Eingriff des Tieres manifestierte, wie verselbständigte und zu einer wiederkehrenden Periode des Bösen ausgewachsen hat. Es entsteht ein rhythmisches Element, das als Gegenimpuls zu dem geschilderten, vom Auferstandenen ausgehenden und die ganze Menschheit durchdringenden, heilsamen 33jährigen Rhythmus aufgefaßt werden muß.

So kommt es nach 2 mal 666 Jahren, also um das Jahr 1332, unter grausamsten Umständen zur Vernichtung des Templer-Ordens durch Philipp den Schönen. Auf dieses Ereignis und seine folgenreiche, negative Einwirkung auf die Weiterentwicklung der sozialen Verhältnisse in Europa kann hier nicht eingegangen werden. Im Hinblick auf die herannahende Jahrtausendwende aber stehen wir vor der Tatsache, daß sich der Rhythmus der Zahl 666 zum dritten Mal wiederholen wird. Dies wird im Jahre 1998 der Fall sein. Selbstverständlich ist mit der Nennung eines solchen Jahres nur der entscheidende Punkt eines Zeitraumes angedeutet, der sich über viele Jahre vorher und nachher erstreckt. Zweifellos stehen wir in den achtziger Jahren bereits mitten im Wetterleuchten dieser sich vorbereitenden Angriffe der Gegenmächte darinnen, was sich an vielen Symptomen des kranken Menschheitsorganismus ablesen läßt.

Damit haben wir in aller Kürze *drei* negative Grundelemente charakterisiert, welche zusammenwirken und in den bevorstehenden Jahrzehnten die Menschheit in eine ihrer schwersten Schicksalsprüfungen führen werden: Es handelt sich um den unguten Impuls des Halleyschen Kometen, die Zahl des Tieres, 666, und die mit dem Zehnersystem verbundene Einwirkungsmöglichkeit der Gegenmächte. Dieses Zusammentreffen negativer Umstände, das in der Geschichte der Jahrtausendwenden wohl einmalig ist, führt zu einer bisher noch nie erlebten Krisensituation. Sie ist Ausdruck für das besonders wirksame Auftreten des Tieres, dessen Zahl 666 im Sinne des Apokalyptikers «eines Menschen Zahl» ist, «des Menschen, der sich sträuben will, dagegen zu sagen: ‹Nicht Ich, sondern der Christus in mir›.»[72] Sorat, der Gegenspieler des Sonnengeistes, möchte mit allen Mitteln die Ich-Geburt verhindern. Der Kindermord von Bethlehem war nur ein Vorspiel des geplanten Abtötens des Ich-Keimes in allen Menschen, die eine gewisse Reife im Bewußtseinsseelen-Zeitalter erreicht haben. Ein äußeres Massensterben durch Kriegs- oder andere Katastrophen wäre nur der Ausdruck dafür, daß in zu vielen Menschen eine Ich-Verdunklung stattgefunden hat und sich das hinter «dem Gleichgewicht des Schreckens» liegende wahre Gleichgewicht der Kräfte von Geist und Ungeist nicht mehr aufrechterhalten ließ. Es wird die Aufgabe der folgenden abschließenden Betrachtungen sein, auf die Impulse hinzuweisen, durch deren Ergreifen in ausgleichender und heilsamer Weise der bedrohlichen Entwicklung entgegengewirkt werden kann.

Die Bedeutung der Konjunktionsdreiheit von 1981

Die astronomische Wissenschaft hat durch die technischen Möglichkeiten bemannter und unbemannter Weltraumschiffe, durch Forschungssonden und Satelliten eine ungeheure Ausweitung erfahren. Abgesehen von dem Betreten des Mondes durch Menschen werden Zehntausende von Fotografien und Meßdaten von Planeten und Monden gewonnen, deren Auswertung viele Jahre erfordert. Von amerikanischer Seite ist sogar geplant, in den Kopf des herannahenden Halleyschen Kometen eine Forschungssonde einzuschießen, um hinter seine Struktur- und

Substanzgeheimnisse zu kommen. Auf diese Weise werden immer mehr physische Einzelheiten des Planetensystems bekannt, die natürlich außerordentlich interessant sein können. Aber die wachsende Fülle der so gewonnenen *äußeren* Daten droht, den Menschen immer mehr von der wahren Seite des Kosmos zu entfernen, sein Bewußtsein an dessen Außenseite zu fesseln und damit zu verdunkeln.

Es ist die unerläßliche Aufgabe, welche der Menschheit im Lichten Zeitalter gestellt wird, Forschungsmethoden zu schaffen und anzuwenden, welche zur *inneren* geistigen Seite des Kosmos vorzustoßen vermögen. Dies ist nur durch die Verbindung der Geisteswissenschaft mit der Naturforschung möglich und wird ein heilsames Gleichgewicht schaffen, in dem der Mensch auf Erden als ursprünglich kosmisches Wesen in menschengemäßer Weise existieren kann. Immer wieder hat deshalb Rudolf Steiner darauf hingewiesen, daß es gilt, in dieser neuen Weise «die Wissenschaft auszudehnen ins Kosmische. Wir müssen verstehen lernen die vier Elemente, wir müssen verstehen lernen die Planetenbewegungen, wir müssen verstehen lernen die Sternkonstellationen und ihren Einfluß auf das, was auf Erden geschieht: dann nähern wir uns der Sprache, die der Christus gesprochen hat.»[75]

Im Lichte einer solchen Aufforderung darf auch die Notwendigkeit gesehen werden, die Frage nach der Bedeutung jener Sternen-Konstellation zu stellen, wie es die dreifache Begegnung der Planeten Saturn und Jupiter im Jahre 1981 war. Denn sie ist durch ihre Besonderheit und Seltenheit ausgezeichnet. An die Beantwortung dieser Frage können wir uns nur herantasten; denn für eine vollständige Antwort wäre es im Sinne einiger schon zitierter Sätze Rudolf Steiners notwendig, durch imaginative Fähigkeit «vom rhythmischen Berechnen zum Anschauen der Weltorganisation in Figuren und Zahlen» zu kommen, um dann durch Inspiration und Intuition zu den Wesen selbst vorzudringen. Eine solche spirituelle Astronomie, welche durch Einbeziehung einer zeitgemäß erneuerten Astrologie erweitert wurde, steht als werdende Astrosophie aber noch in den Anfängen. Wir können aber auf der Grundlage der bereits geleisteten Vorarbeit erneut wesentliche Hinweise aus der anthroposophischen Geistesforschung zu Hilfe nehmen, um das Ereignis am Sternenhimmel entsprechend zu beleuchten.

Bei der dreifachen Großen Konjunktion des Jahres 1981 handelt es sich bemerkenswerterweise um die 100. Begegnung von Saturn und

Jupiter nach der Zeitenwende (genauer: nach der Verdreifachung im Jahre 7 v. Chr.), wenn man die dreifachen Konjunktionen jeweils als einfache zählt (19,86 × 100 = 1986!). Wir müssen die Konstellation von 1981 mit der Königsgestirnung der Magier vergleichen, um ihr näherzukommen und ihre Besonderheit gegenüber anderen Verdreifachungen erfassen zu können. Wie erwähnt wurde, war es für die Sternenweisen wesentlich, daß sie die Planetenbegegnung im Sternbild der Fische erblickten und die Herbstsonne in der entscheidenden Phase im Sternbild Jungfrau erglänzte. In unserem Jahrhundert kann insofern von einer Verwandtschaft mit der damaligen Gestirnung gesprochen werden, als die jetzige Konjunktion wiederum in der gleichen kosmischen Sternbildachse verankert war. Aber dieses Mal spielte sich das Konjunktionsgeschehen selbst im Sternbild der Jungfrau ab und die Sonne trat – gegenüberstehend – in den Fischen in das Sternenhexagramm ein. Das Planetengeschehen wiederholte sich in *polarer* Form (s. Figur 12).

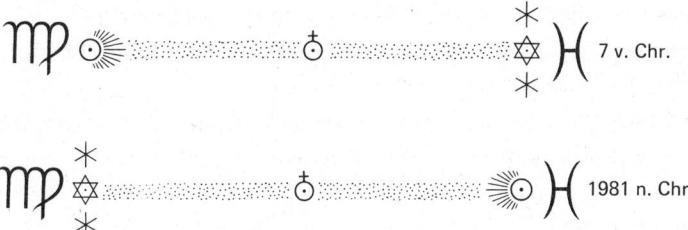

Figur 12: Die polare Stellung der dreifachen Großen Konjunktion der Jahre 7 v. Chr. und 1981 n. Chr. in der Fische-Jungfrau-Achse des Tierkreises (im zeitlichen Abstand von 100 Intervallen gewöhnlicher Großer Konjunktionen).

Die Magier waren, wie dargestellt wurde, durch die Saturn-Jupiter-Konstellation auf die physische Geburt und Menschwerdung des Jesus-Christus hingewiesen worden. Wir dürfen nun keinesfalls in den Fehler verfallen, ein *physisches* Wiedererscheinen des Christus zu erwarten. Es gehört zur Symptomatologie und zur falschen Endzeiterwartung unseres Jahrhunderts, daß solche Vorstellungen immer wieder auftreten. Bereits zu Beginn des Jahrhunderts wurde bekanntlich von der Leitung der Theosophischen Gesellschaft ein Knabe (Krischna Murti) als der wieder inkarnierte Christus bezeichnet. Ferner machte während vieler Jahre Alice Baily in medialer Form – angeblich inspiriert von einem Meister, der sich «Tibeter» nannte – unter vielen andern okkulten Mitteilungen die Aussage: gegen Ende des Jahrhunderts werde der Christus *physisch* wiedererscheinen. Daraus entstand eine größere Bewegung. Der englische «Prophet» Benjamin Creme hat in jüngster Zeit dadurch in der ganzen Welt Aufsehen erregt, daß er, auf Bailey zurückgreifend, das physische Auftreten Christi als Bringer des Friedens – auch in den öffentlichen Medien – für die Zeit nach Pfingsten 1982 prophezeite. Ob das Ausbleiben des Erwarteten zu einer Ernüchterung geführt hat? Und doch sind solche verzerrten Erwartungen charakteristisch für unsere Zeit, da ihnen eine tiefe Wahrheit auf einer anderen Ebene zugrunde liegt; diese kann erfaßt werden, wenn man sich von den luziferisch-ahrimanischen Einflüssen befreit, die immer dahin wirken, daß die Dinge viel zu räumlich-zeitlich vorgestellt werden.

Die Erwartung der Wiederkunft Christi geht bekanntlich auf die Evangelien selbst zurück. Aber dort ist von «des Menschen Sohn» die Rede, der gesehen wird, kommend «in den Wolken mit großer Kraft und Herrlichkeit» (Markus 13,26). Allerdings kann in der sogenannten kleinen Apokalypse des 13. Kapitels von Markus nicht übersehen werden, daß diese Wiederkunft mit einer Zeit «zuvor nie da gewesener Trübsal», mit riesigen irdischen Schrecknissen und ungewöhnlichen kosmischen Vorgängen verbunden sein wird.

Im Hinblick auf die Worte «in den Wolken» wird verständlich, daß die Geisteswissenschaft ein physisches Wiederkommen Christi eindeutig ablehnen muß und von dem bevorstehenden Erscheinen im Umkreis der ätherischen Kräftewelt, dem bereits erwähnten Land ‹Schamballa›, spricht. Die Möglichkeit des Erscheinens des Auferstandenen in ätherischer, also übersinnlicher Gestalt, die sich aber offenbar bis zu physischer Sichtbarkeit verdichten kann, hat Rudolf Steiner bereits 1910 als das «bedeutsamste Ereignis des 20. Jahrhunderts» bezeichnet. Diese Entwicklung wird sich jedoch über einen längeren Zeitraum erstrecken. Es ist die Menschheit nach dem ersten Drittel unseres Jahrhunderts in eine Periode von 2500 Jahren Dauer eingetreten, in der immer mehr Menschen in verschiedenster Weise das Erlebnis des Paulus vor Damaskus haben werden. Und so, wie für Saulus, den Christenverfolger, die unmittelbare übersinnliche Begegnung mit der Wirklichkeit des Auferstandenen die Lebenswende zum Ergreifen seiner großen Erdenmission als Paulus wurde, wird das Erleben des «Wiedererscheinenden» gewaltige Umwandlungsimpulse mit sich bringen. Solche Erlebnisse werden ausstrahlen und das Christentum von der Substanz her erneuern. Sie werden einen aus dem ätherischen Schauen geborenen, neuen, *verstehenden* Glauben erwecken und tiefgreifende moralische Impulse für das gesellschaftliche, mitmenschliche Zusammenleben erschließen. Zugleich werden die Menschen immer mehr in die Lage kommen, die ätherischen Kräfte selbst zu handhaben und damit die Problematik, welche durch die technisch bedingte Umweltzerstörung in so verheerender Weise aufgetreten ist, unter Einbeziehung aufbauender kosmischer Lebensquellen in neuer Weise zu lösen. Im Hinblick auf die früher angedeuteten Untergangs- und Resignationsstimmungen, welche in der Jugend zur Wortprägung «no future» (keine Zukunft) geführt haben, scheint es erforderlich, an dieser Stelle auch auf die wahren inneren Aufgangs- und Zukunftskräfte des Zeitalters ausführlicher hinzuweisen.

Die ätherischen Umkreiskräfte, in deren Sphäre sich der Herr der Himmelskräfte offenbaren wird, stehen zu allen irdischen Kräften in *Polarität*. Rudolf Steiner hat letztere als zentrale Kräfte charakterisiert. Alle *organischen* Erscheinungen werden aber erst verständlich, wenn die darin wirkenden Umkreiskräfte erkannt werden. Wirken jene (die Zentralkräfte) in Schwere, Druck und Verdichtung, so diese über die Leichte (Auftrieb), Sog und Durchlichtung.[76] – Es ist die der physischen Erscheinungsform Christi *polare* Form des Erscheinens in ätherischer Gestalt, welche uns zu folgender Frage veranlaßt: Könnte nicht das polare Auftreten der einst von den Sternenweisen erlebten Gestirnung, die sie in bestimmter Art auf die physische Inkarnation des Christus bezogen, in eine ähnliche und doch polare Richtung hinweisen, nämlich auf das Erscheinen des Christus im ätherischen Bereich im Umkreis «der Wolken»?

Im Hinblick auf die vielfältige Wiederholung der dreifachen Konjunktion in fast allen anderen zwölf Sternbildern im Laufe der Jahrhunderte, könnte allerdings der Leser fragen, worin die Berechtigung liegt, die Verdreifachung des Jahres 1981 in besonderer Weise auf die Christus-Wesenheit zu beziehen. Wandert nicht die Sonne durch alle zwölf Tierkreisbilder und hat sich der Sonnengeist nicht als Ausdruck dieser Tatsache mit zwölf Jüngern umgeben, die im irdisch-menschlichen Bereich das himmlische Geschehen widerspiegeln? Das esoterische Christentum wußte von jeher, daß die Zwölf in ihrer seelisch-geistigen

Konfiguration den Kräften der zwölf Sternbilder entspricht. Worin liegt also die Berechtigung, zwei Sternbilder besonders hervorzuheben? Worin liegt die besondere Eigenart der Sternbilder Jungfrau und Fische, in welchen damals und 1981 die Konstellationen auftraten?

Als in der hyperboräischen Zeit die noch im Gaszustand befindliche Erde und die Sonne sich trennten, fand dieser Vorgang in Richtung des Sternbildes Fische statt. Der Frühlingspunkt entstand beim ersten großen Erdenmorgen in diesem Sternbild. Bei der Jordantaufe kehrte der Geist der Sonne zurück und leitete damit die spätere, die physische Wiedervereinigung mit der Sonne in ferner Zukunft ein. Das menschliche Gefäß, die Jesus-Wesenheit, aber war durch eine Einweihung im Zeichen des Sternbildes der Fische auf dieses Geschehen vorbereitet worden und ging selbst aus einer *jungfräulichen Geburt* hervor (die allerdings in einem bestimmten geistigen Sinne verstanden werden muß). Es würde hier zu weit führen, alle Überlieferungen anzuführen, die mit dem Sternbild Fische verbunden sind. Wie auch aus vielen Darstellungen in den Katakomben hervorgeht, galt es als ein heiliges Zeichen und wurde unmittelbar mit den Kräften des Auferstandenen in Beziehung gebracht. «So spielte das Symbol des Fisches in der Urgemeinde eine entscheidende Rolle. Der Fisch ist als christliches Symbol älter als das Kreuz . . . Der Kirchenvater Eusebius deutete das griechische Wort für Fisch, ichthys, im Sinne eines Akrostichons:

J = Jesus
CH = Christos
Th = Theos (Gottes)
Y = Yios (Sohn)
S = Soter (Heiland).»[77]

Aber auch das Geheimnis der jungfräulichen Geburt war in den alten Mysterien bekannt (s. Seite 74). Horus, der nachgeborene Sohn des getöteten Gottes Osiris, wurde als nicht leiblich gezeugt aufgefaßt. Sein Vater hat Isis aus dem Jenseits, dem Reich des Geistes, überschattet. Die Verwandtschaft der vorchristlichen Mondengöttin, der Weltenmutter Isis, die Horus, das sonnenhafte Knäblein auf den Armen trägt, mit der späteren Marien-Gestalt, der «Jungfrau, Mutter, Königin» (Faust II) ist nicht zu verkennen.

Daß die moderne Wissenschaft auf das Kosmische ausgeweitet werden muß, haben wir eingangs angedeutet. Rudolf Steiner hat zu den damit verbundenen Forschungsaufgaben in drei Vorträgen des Jahres 1917 in Dornach ein großes Tor geöffnet. Wir erfahren dort, daß einer zukünftigen praktischen Handhabung der von den Sternbildern Fische und Jungfrau herkommenden Kräfte eine besondere Bedeutung zukommen wird. «Es wird die Aufgabe der guten, der heilsamen Wissenschaft sein, gewisse kosmische Kräfte zu finden, welche durch das Zusammenwirken zweier kosmischer Richtungsströmungen auf der Erde entstehen können. Diese zwei kosmischen Richtungsströmungen werden sein: Fische – Jungfrau. Vor allen Dingen wird das Geheimnis zu entdecken sein, wie dasjenige, was aus dem Kosmos in der Richtung aus den Fischen her als Sonnenkraft wirkt, sich verbindet mit dem, was in der Richtung von der Jungfrau her wirkt. Das wird das Gute sein . . ., daß man entdecken wird, wie von zwei Seiten des Kosmos Morgen- und Abendkräfte in den Dienst der Menschheit gestellt werden können, – auf der einen Seite von seiten der Fische, auf der anderen Seite von seiten der Jungfrau her.»[78]

Die beiden genannten Sternbilder, die damit aus dem Kreis der Zwölfheit herausgehoben erscheinen, spielen – mehr oder weniger bewußt – seit 2000 Jahren in der Christenheit eine besondere Rolle im Zusammenhang mit dem Osterfest und seiner kosmisch orientierten Beweglichkeit. Denn Ostern kann erst gefeiert werden, wenn zwei kosmische Bedingungen erfüllt sind: die Sonne muß den Frühlingspunkt überschritten und der zunehmende Mond das gegenüberliegende Sternbild als erster Frühlingsvollmond erreicht haben, um dann als Ostervollmond zu gelten. Die beiden Sternbilder, in denen auf diese Weise Sonne und Mond zusammenwirken, sind aber Fische und Jungfrau. Damit stehen wir zur Osterzeit in den «zwei kosmischen Richtungsströmungen» darinnen, die von Rudolf Steiner als so bedeutsam und mit kosmisch guten und heilsamen Kräften im Einklang gesehen werden. Die jährlich wechselnden Oppositionsstellungen von Sonne und Mond, die mit der Beweglichkeit des Osterfestes verbunden sind, schwingen in der genannten kosmischen Achse in den verschiedenen Jahren hin und her und betonen so weiterhin ihre Bedeutung.

Der Bezug zu unserem Thema wird unmittelbar ersichtlich, wenn wir erfahren, daß besonders auf dasjenige zu achten ist, was «aus den Fischen her als Sonnenkraft wirkt». War es doch die Sonne in den Fischen, welche die Planeten Saturn und Jupiter in der ersten Hälfte des Jahres 1981 zu ihrer dreifachen Begegnung in der Jungfrau aufrief, also im

Sternbild des Ostervollmondes. Ein weiterer, wesentlicher Hinweis der Geistesforschung bestätigt den inneren Zusammenhang dieser Konstellation mit dem Erscheinen des ätherischen Christus. Denn zu seiner Wahrnehmung ist «ein gewisses ätherisches Hellsehen» erforderlich, das erst gewonnen werden kann, nachdem «die Sonne im Frühlingspunkt einen gewissen Punkt im Sternbild der Fische erreicht»[69] hat. Diese Angabe Rudolf Steiners aus dem Jahre 1910 wurde sieben Jahre später durch die zuvor erwähnten Hinweise auf die Besonderheit der Fische-Jungfrau-Richtung dem Verständnis nähergebracht. Sie unterstreicht zugleich den im Urchristentum bekannten Zusammenhang der Kräfte des Fische-Sternbildes mit dem Wesen des Auferstandenen. – Aber auch das Motiv des Bösen tritt bei diesem kosmologischen Aspekt in Erscheinung. Die Gegenmächte führen die Menschheit in Versuchung, in einseitiger Weise mit den Kräften der Zwillinge, die mit Weltenmagnetismus verbunden sind, zu arbeiten oder in unrechter Weise die Kräfte des Schützen oder Kentauren zu benutzen, die mit der Tiernatur des Menschen zusammenhängen.

Wenn wir nochmals auf die polare Verwandtschaft der königlichen Gestirnung im Jahre 7 v. Chr. mit der Konstellation von 1981 schauen, dann erscheint bemerkenswert, daß letztere sich in der Reihe der alle 973 Jahre aufeinander folgenden Verdreifachung zum ersten Male im Jahre 34 n. Chr., also unmittelbar nach dem Mysterium von Golgatha, ausbildete. Der 40jährige Abstand zwischen beiden Verdreifachungen vor und nach der Zeitenwende umrahmt also das Leben Jesu Christi. Die gemeinsame Wiederkehr jener nur durch zwei Intervalle getrennten Konstellation in den Jahren 1940/41 und 1981 zeichnet das 20. Jahrhundert aus.

Dieses planetarische Geschehen lenkt die Aufmerksamkeit auf eine tiefe Beziehung, die zwischen den ersten christlichen Jahrhunderten und dem 20. Jahrhundert besteht. Darauf kommt Rudolf Steiner bei einer ausführlichen Darstellung des Christus-Impulses und des Gegenimpulses von Gondischapur mit dem Wendepunkt des Jahres 333 am 16. Oktober 1918 in Zürich zu sprechen: «Unsere Zeit ist in recht vieler Beziehung eine Wiedererneuerung jener Zeiten, die sich zugetragen haben zum Teil durch das Mysterium von Golgatha, zum Teil durch dasjenige was 333, zum Teil durch dasjenige, was 666 geschehen ist. Das hat ganz bestimmte Wirkungen.»[79] Es wird dann geschildert, wie die

Zeitgenossen Christi und die Christen der ersten Jahrhunderte sich im Grunde genommen erst Jahrhunderte nach ihrem Tode ein vertieftes Verständnis des Christentums erringen konnten. Das Gegenteil sei bei den jetzigen Generationen der Fall. Sie würden Jahrhunderte vor der Geburt eine Art Bild des Mysteriums von Golgatha in der geistigen Welt erleben und einen verborgenen Abglanz davon in den verkörperten Seelen mitbringen. «Das gilt aber nur für die heutigen Menschen . . . alle können die Wirkung dieses Impulses in sich erleben.»[79] So gesehen, kann die dreifache Konjunktion des Jahres 1981 als ein Mahnmal empfunden werden, das – recht verstanden – die in den Menschenherzen vorgeburtlich veranlagte Sehnsucht nach einem spirituellen Verständnis und einer tieferen Beziehung zur Christus-Wesenheit aufwecken möchte. Wartet doch der Auferstandene darauf, sich in Äthergestalt jeder empfänglichen Seele gerade in der Zeit kommender Prüfungen helfend und ratend zu offenbaren.

Das Sternengeschehen im Jahre 1981 kann – bei gleichzeitigem Rückblick zum Jahre 7 – auch ein Verständnis öffnen für die Polarität der Hirten- und Königskräfte in uns selbst, die durch das Licht des Christus zur Einheit geführt werden sollen (s. Seite 111). Im Aufblick zum Kerngeschehen der dreifach betonten Verbindung der beiden Großplaneten entsteht aber auch die Frage, ob sich in unserer Zeit ebenfalls zwei polare Strömungen erst verbinden müssen, um die Geburt Christi in einer ausreichenden Anzahl von Menschenseelen vorzubereiten. In diesem Zusammenhang darf an die bedeutsamen Aussagen Rudolf Steiners über die Polarität der platonischen und aristotelisch orientierten Menschheitsströmungen und ihre Zukunftsaufgaben erinnert werden. Die Träger beider Gruppen sollen sich erstmals in der Geschichte zur gleichen Zeit inkarnieren und auf diese Weise zur großen Krisenzeit am Ende des Jahrhunderts auf Erden vereinen, um durch ein zeitgerechtes, spirituelles Zusammenwirken den aus dem Abgrund aufsteigenden Gegenmächten das Gleichgewicht halten und dem Christus-Impuls im Lichten Zeitalter zum Durchbruch verhelfen zu können.

Wie ausgeführt, wirkt das Auftreten des Halleyschen Kometen über sein jeweiliges Erscheinungsjahr hinaus durch Jahrzehnte hindurch weiter. Könnte ein solches Nachwirken nicht auch für das herausragende Sternengeschehen der dreifachen Konjunktion gelten? So würde sie mit ihren Auswirkungen die nächsten 20 Jahre überstrahlen, um erst im

Jahre 2000 in die nächste Große Konjunktion verklingend einzumünden. Bildet doch die verdreifachte Konjunktion zusammen mit den regelmäßig fortlaufenden, einfachen Großen Konjunktionen einen einheitlichen kosmischen Rhythmenorganismus, aus dem sie emporblüht. Das Wesenhafte des Kosmos, das sich dabei in der dreifachen Konjunktion ausdrückt, lebt bereis im dreigegliederten Schritt aller Großen Konjunktionen und begleitet die Menschheit im Rhythmenspiel des dargestellten Sechssterns höherer Ordnung durch alle Jahrhunderte. Die dreifache Konjunktion ist aber ein Anlaß, sich dieses Wesenhafte, das schon im Stern von Bethlehem aufleuchtete, stärker zu Bewußtsein zu bringen. Betrachten wir also die herausragende Konstellation von 1981 nicht nur als ein vergangenes Himmelsphänomen! Sie hat in den Sphären der Wandelsterne Kräfteströme erregt, welche weiterwirken. Wir tauchen jede Nacht in diese übersinnlichen Welten ein. Aber ähnlich wie für das Leben nach dem Tode hängt die Möglichkeit, die Sternenkräfte aufzunehmen, immer mehr davon ab, welches Verhältnis wir im Tagwachen zur Geistigkeit des Kosmos gewonnen haben. Das staunende und verständnisvolle Aufblicken zu den Sternen und ihren Bewegungen einerseits und das meditative Bewußtwerden ihrer Kräfte im Innern der Seele andererseits (wie in dem XIV. Kapitel angedeutet wurde), sind wichtige Voraussetzungen für eine fruchtbare und intensive Begegnung mit den aufbauenden Sphärenkräften im Schlaf: «Das ist ja auch das Geheimnis unseres Schlafes, daß wir uns aus der Sternenwelt . . . herausholen die reinsten Kräfte aus dem ganzen Kosmos, die wir dann beim Aufwachen, wenn wir wieder untertauchen müssen in den physischen Leib und Ätherleib, uns mitbringen. Da dringen wir aus dem Schlaf heraus, gestärkt und gekräftigt durch alles, was wir einsaugen können aus dem ganzen Kosmos.»

Wer also im Tagwachen die rechten Voraussetzungen dazu schafft, wird auch in verstärktem Maße die in der Sternenwelt weiterwirkenden Kräfte des dreifachen Konjunktionsgeschehens von 1981 aufnehmen. Sie helfen, das in uns schlummernde, aus diesen Welten mitgebrachte Abbild des Christus-Geschehens auf Erden sich zum Bewußtsein zu bringen und die Hindernisse zu beseitigen, welche einer Begegnung mit dem Auferstandenen im Wege stehen.

Der Gral und der Anti-Gral

Rückblickend können wir sagen, daß das planetarische Zusammenwirken von Saturn und Jupiter als ein Grundmotiv der Sphärenharmonie, das in der Großen Konjunktion gipfelt, in drei Stufen erfaßt werden muß. Die erste Stufe führt zum harmonischen Rhythmengewebe des Sechssterns höherer Ordnung, der sich in jeweils 60 Jahren vollendet und vielhundertjährige Perioden im Tierkreis bildet. – Auf der zweiten Stufe wächst aus diesem Rhythmengang beim Gleichklang der Schleifenbildung beider Planeten, im besonderen Zusammenwirken mit der Sonne, die jeweils überraschende dreifache Konjunktion heraus. Der Anblick ihres Glanzes ist für die Erdbewohner einer bestimmten Zeit jeweils eine Überraschung, die nicht allen Generationen zuteil wird. – Auf der dritten Stufe zeigte sich uns der innere Zusammenhang der Dreifach-Gestirnungen mit einer neuen, höheren Rhythmenordnung, in die sie als Glieder von Reihen eingebettet erscheinen im Sternengang durch die Jahrtausende.

In der zu erwartenden Krise Ende des Jahrhunderts stehen sich fördernde und widerstrebende Mächte gegenüber und wirken in dem durchzustehenden Geisteskampf gegeneinander. Im Hinblick darauf soll die Wechselbeziehung zwischen dem Sternengeschehen, aus dem die dreifache Konjunktion hervorgeht, und den angeführten drei Faktoren des Bösen, dem Halleyschen Kometen, der Zahl 666 und der mit dem Zehnersystem verbundenen Jahrtausendwende, noch eingehender beleuchtet werden.

Wie bereits angeführt, hat Rudolf Steiner ausführlich die im Lichten Zeitalter verderbliche Einwirkungsmöglichkeit des Halleyschen Kometen dargestellt, den er ein «verhängnisvolles Zeichen» am Himmel nannte, das dazu führe, daß «das Geistige totgetreten» werde. Fast in jedem dieser Vorträge wurde auf den ausgleichenden Gegenpol des in Bildung begriffenen neuen ätherischen Hellsehens verwiesen, in dessen Mittelpunkt das Erscheinen des ätherischen Christus für die Menschheit stehen würde. «Wir gehen also einem Zeitalter entgegen, in welchem der Mensch, außer den physisch-sinnlichen, seiner Erkenntnis gemäß noch ein geistiges Reich um sich hat. Der Führer aber in diesem neuen Reich der Geister wird der ätherische Christus sein.»[80]

Den negativen kosmischen Einwirkungen des Kometen kann nur mit der Erkenntnis und Handhabung förderlicher kosmischer Kräfte begegnet werden: «Da handelt es sich darum, daß wir uns halten können an höhere, bedeutsamere Wirkungen und Einflüsse des Kosmos als diejenigen des Halleyschen Kometen sind.»[68] Wenige Wochen später wies Rudolf Steiner noch genauer auf solche Kräfte hin, die «stärker sind als die des Kometen. Das ist das Frühlingszeichen der Fische, in dem wir seit einigen Jahrhunderten stehen . . . So sind wir eingetreten in dieses Zeichen geistiger Kräfte, die uns hinauftragen werden, daß wir durch ihr Verständnis die Fähigkeiten entwickeln werden, zu denen wir in diesem Zeitalter der Fische gelangen können.»[81]

Wir möchten nachdrücklich diesen inneren Zusammenhang zwischen der neuen Fähigkeit des ätherischen Hellsehens, der Wiederkunft Christi und dem Kräftewirken des Sternbildes Fische betonen, denn es bestätigt die in dieser Schrift vertretene Auffassung über die dreifache Konjunktion in den Fischen und in der Jungfrau. So geht dem zweiten Wiedererscheinen des Halleyschen Kometen im 20. Jahrhundert, das infolge des fortgeschrittenen Materialismus sicher noch gefährlicher sein wird, unübersehbar und beachtet von der ganzen Menschheit das bedeutsame Sternengeschehen in der Jungfrau-Fische-Achse voraus. Dies sollte recht verstanden werden, damit sich den Menschen die Kraft erschließt, die es möglich macht, «dem verderblichen Einfluß des Kometen nicht zu unterliegen». Gelingt diese Überwindung des unguten Kometen-Impulses im Jahre 1986 in rechter Weise, dann wird man – und das wohl aus einer tieferen Gesetzmäßigkeit heraus – genau 100 Jahre später, nämlich um das von Rudolf Steiner genannte Jahr 2086, die neuen, goetheanistisch orientierten Bauten als Zeichen des Durchbruchs spiritueller Impulse «überall in Europa aufsteigen sehen».

Im Hinblick auf die Zahl 1000 und die bevorstehende Jahrtausendwende obliegt es uns noch, die Ordnungsgesetze der Großen Konjunktion und ihren etwaigen Zusammenhang mit dem Zehnersystem zu untersuchen, welches den ahrimanischen Einflüssen besonders unterliegt. Die knapp 20jährige Periode der Großen Konjunktionen von Saturn und Jupiter wird natürlicherweise durch die in ihrer Mitte auftretende Opposition beider Gestirne in zwei Abschnitte von rund zehn Jahren gegliedert (s. auch Figur 5, Seite 44). Fünf Konjunktionsperioden umspannen mit ihren 99,35 Jahren fast genau ein Jahrhundert. Unser Jahrhundert zeigt dies besonders deutlich: Es begann mit einer

Großen Konjunktion im Jahre 1901 und wird im Jahre 2000 mit einer solchen abschließen. Das Zusammenspiel von Saturn und Jupiter baut sich also aus Grundelementen des Zehnersystems auf und geht so mit ihm eine unlösbare Verbindung ein.

In Kapitel III haben wir gezeigt, wie sich die Zehn-Jahres-Schritte von Konjunktion zu Opposition (s. Figur 4) jeweils in 60 Jahren zu dem Sechsstern *höherer Ordnung* abrunden. Das dabei entstehende Trigon der Konjunktionen und das der Oppositionen wird von der Drei-Zahl beherrscht, wird sinnvoll zu einem regelmäßigen Hexagramm ausgestaltet und als solches harmonisch in die Zwölfheit des Tierkreises eingeordnet. Dadurch aber ist die mit der Zahl Zehn verbundene negative Dynamik gleichsam neutralisiert und dem kosmischen Ursprung verbunden, wodurch sie dem drohenden ahrimanischen Zugriff entzogen wird.

Diese Auffassung wird durch einen anderen Gesichtspunkt bestätigt. Das auf dem Kopf stehende Pentagramm (Fünfstern) gilt seit alten Zeiten als das Symbol des Bösen. Richtig gezogen und mit einer Spitze nach oben aufgestellt soll es hingegen – wie auf der Schwelle zum Studierzimmer des Faust – die bösen Geister abhalten. In dieser Form war es das geheime Erkennungszeichen der Pythagoräer. Nun ist der Fünfstern oder das ihn umrahmende Fünfeck unlösbar mit der Zahl zehn verbunden. Denn geometrisch kann ein reguläres Pentagramm nur gezeichnet werden über den Umweg eines dem Kreis eingeschriebenen Zehn-Ecks; dessen Konstruktion erfordert bekanntlich die Teilung des Radius im Goldenen Schnitt. Das aus ihm hervorgehende Pentagramm ist eine Schlüsselfigur, in dem sich die Kräfte des Guten und des Bösen begegnen. Diese sind hinwiederum mit dem Wesen der Zahl Fünf in besonderer Weise verbunden.[82]

Gehen wir also nochmals den nicht zufällig 5 Jupiter-Umläufen nach, die in 60 Jahren den oben angeführten Sechsstern vollenden. Man kann dabei das Zusammenspiel von Saturn und Jupiter in der Weise prüfen – ausgehend von ihrem Zusammenstehen während einer Großen Konjunktion –, daß wir immer dann den wechselnden Standort Saturns feststellen, wenn Jupiter wieder zu seinem Ausgangsort (s. Figur 13, A) zurückgekehrt ist. In diesem Falle ist also der sogenannte Jupiter-Transit jeweils unser Bezugspunkt im Tierkreis. Nach 12 Jahren erreicht Jupiter in seinem siderischen Umlauf wiederum Punkt A, während Saturn erst

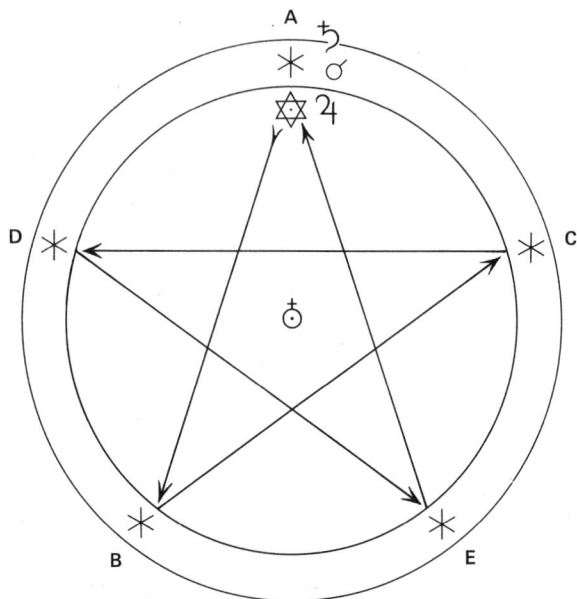

Figur 13: Saturn (✳) zeichnet in 60 Jahren durch seine 5 Stellungen im Verhältnis zu Jupiter (✡) (Rückkehr Jupiters nach seinem 12jährigen Umlauf zum gleichen Himmelsort) ein Pentagramm in den Tierkreis.

²/₅ (in 2 mal 6 Jahren) seines 30jährigen Umlaufs vollendet hat und – schematisch betrachtet mit abgerundeten Umlaufzeiten – bei B aufzufinden ist. Nach weiteren 12, also nach insgesamt 24 Jahren erreicht Saturn Punkt C. Beim dritten und vierten Jupiter-Umlauf müssen wir die Punkte D und E festhalten. Erst nach 60 Jahren, also nach 5 Jupiter- und 2 Saturn-Umläufen, finden sich beide Planeten, wie schon früher geschildert, wieder bei A zusammen. Von Saturn wurde also im 60jährigen Rhythmus im Verhältnis zum Transitpunkt Jupiters ein Pentagramm in den Umkreis eingeschrieben.

Nehmen wir nunmehr die Oppositionen Jupiters zu seinem Ausgangspunkt hinzu, so ergibt sich in Schritten von 6 Jahren ein Fünfeck Saturns. Nach 6 Jahren steht Jupiter bei B in Opposition zu seinem Ausgangspunkt A (s. Figur 14), während Saturn bei I erst ein Fünftel seiner Umlaufzeit zurückgelegt hat. Nach weiteren 6 Jahren kehrt Jupiter zum Ausgangspunkt zurück und Saturn steht bei II. Bei der

186

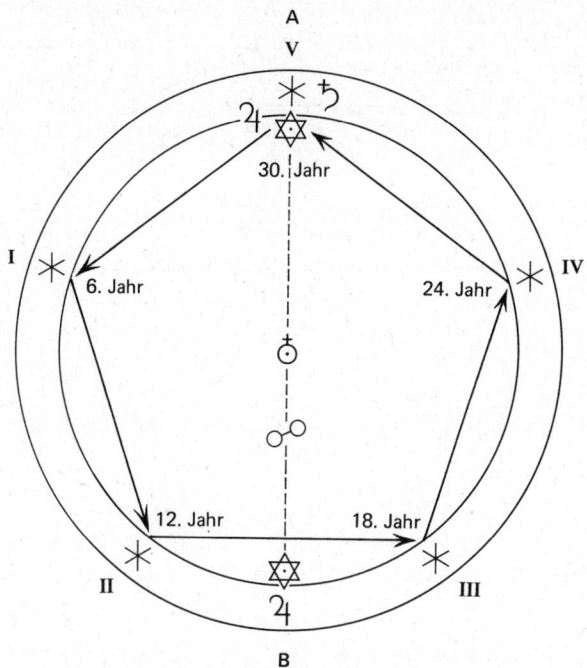

Figur 14: Saturn zeichnet im Verhältnis zum gleichen Oppositions- und Konjunktionsort Jupiters ein Fünfeck in den Tierkreis.

erneuten Opposition (Jupiter ist wieder bei Punkt B) ist Saturn nach III vorgerückt und erreicht über Punkt IV (im 24. Jahr) erstmals wieder nach 30 Jahren seinen Ausgangsort bei A. Jupiter steht ihm dann in seiner dritten Opposition bei B gegenüber. Saturn hat im Verhältnis zu den 2½ Umläufen Jupiters, der zwischen Konjunktion und Opposition hin und her pendelte, ein Fünfeck in den Tierkreis eingezeichnet. Nach weitern 30 Jahren wiederholt er dieses Fünfeck und vollendet zugleich (in 60 Jahren), wie in Figur 13 bereits gezeigt, sein Wandelstern-Pentagramm. Beide Figuren verschmelzen im bekannten 60jährigen Rhythmus miteinander (s. Figur 15).

Der Leser, welcher das hexagrammatische Zusammenwirken der Großen Konjunktionen kennengelernt hat, möge nicht allzu überrascht sein, nunmehr noch einem ganz andersartigen Zusammenspiel von Saturn und Jupiter zu begegnen. Es zeigt sich hier die Komplexität der harmonikalen Verhältnisse im planetarischen System, aber auch die in besonderer

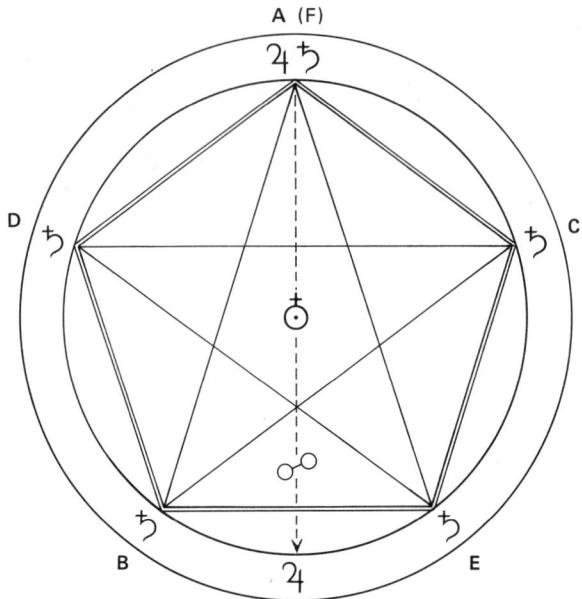

Figur 15: Das 60jährige Zusammenspiel von Saturn und Jupiter stellt sich im Umkreis als pentagrammatisches Sternengeschehen dar, wenn die jeweiligen wechselnden Stellungen Saturns auf die gleichen Konjunktions- und Oppositionsorte Jupiters bezogen werden.

Weise aufeinander abgestimmte Harmonie dieser beiden Planeten. Ihre Umlaufzeiten selbst teilen sich im Verhältnis des Goldenen Schnittes oder der sogenannten Göttlichen Proportion. Wenn man die Umlaufzeit Saturns mit der Länge der Diagonale DC des Pentagramms gleichsetzt, entspricht die Dauer der Umlaufzeit Jupiters fast genau der Länge der Fünfsternseite, das heißt der im Goldenen Schnitt unterteilten Diagonale des Fünfecks.

Saturn und Jupiter prägen also als Ausdruck der durch die göttliche Proportion geregelten Umlaufzeiten fortlaufend ein Fünfstern-Geschehen dem kosmischen Umkreis ein, innerhalb dessen sich die Erde bewegt. Dieser astronomische Tatbestand zeigt erneut, daß auch die Zahl Zehn, die mit dem Wesen von Zehn- und Fünfeck verbunden ist, in harmonischer Weise in die Begegnungen von Saturn und Jupiter einbezogen ist. So bildet sich gleichsam ein Schutz gegen die negativen Kräfte eines reinen Dezimalsystems; er gemahnt uns erneut daran, dessen

188

ahrimanisch ausgerichteter Einseitigkeit nicht zu verfallen. Deshalb sollte die Menschheit im Hinblick auf das Jahr 2000 mit vertieftem Verständnis die Tatsache bedenken, daß dieser Zeitenschwelle eine Große Konjunktion wie ein Siegel der guten Mächte einverwoben wurde.

Zugleich wird sich der Leser beim Anblick der Figur 14 mit ihren Zahlen 12, 18, 24 und 30 an die Betrachtung über die Entwicklungsperioden des Lebens Jesu erinnern. Es soll dieser neue Aspekt hier nicht mehr ausführlich verfolgt werden, doch ist das dem Goldenen Schnitt entspringende Sternengeschehen zweifellos dem menschlichen Organismus verwandt, da die Proportionen des letzteren bis ins Detail der Göttlichen Proportion entsprechen. Auch darf daran erinnert werden, daß unter den zahlreichen Strömungen des Ätherleibs fünf pentagrammäßig verlaufende Hauptströme gleichsam dessen «Knochengerüst» (Rudolf Steiner) bilden. Die Sternenrhythmen, welche das Leben Jesu bis hin zur Jordantaufe gliederten, wurden seiner Leiblichkeit nicht von außen aufgezwungen, sondern entsprachen ihrer inneren Gesetzmäßigkeit. In dem besonderen Fall wird dieses Geheimnis wieder offenbar. Ganzheitlich gesehen, fällt der Goldene Schnittpunkt zwischen Geburt und Jordantaufe ins 12. Lebensjahr, und gliedert somit diesen 30jährigen Lebensabschnitt im Sinne der Göttlichen Proportion.

Als letzte Aufgabe obliegt es uns die Zahl des Tieres, 666, auf ihr Verhältnis zum Wechselspiel der beiden Großplaneten zu prüfen. Dazu ist es erforderlich, zur bereits beschriebenen dritten, also höchsten Stufe ihres Zusammenwirkens aufzusteigen: zum Rhythmus des sich alle 973 Jahre wiederholenden dreifachen Konjunktionsgeschehens im Zeitenlauf. Auch ihm muß ja ein bestimmtes Zahlensystemgeheimnis zugrunde liegen, das im Sinne der Geistesforschung «von bestimmten Geistern in die Welt gebracht, die Neigung hat, gewisse Tatsachen und Zusammenhänge von Tatsachen klarer zu zeigen und andere . . . zurücktreten zu lassen».[66]

In diesem Zusammenhang gewinnt eine bereits aufgezeigte Tatsache ein besonderes geistiges Licht: Jede dreifache Konjunktion von Saturn und Jupiter wiederholt sich nach genau 49 Intervallen Großer Konjunktionen mindestens einmal, meist aber viele Male. Das sind aber 7 mal 7

Intervalle. Wie wir gesehen und durch zahlreiche Beispiele belegt haben, tritt jede dreifache Konjunktion bei der *fünfzigsten* Konjunktion wieder als *dreifache* im gleichen Sternbild in Erscheinung. Sie rückt lediglich einen Schritt voran, weil das Leben des Kosmos keine absolute Fixierung, die Erstarrung bedeuten würde, zuläßt. Dieser Rhythmus zieht sich dann, wie aus dem Schema S. 156/157 abzulesen ist, durch Jahrtausende hin. Damit aber wird den Weltenrhythmen des Umkreises in erhabener Form der göttliche Rhythmus der Siebenheit, der Ur-Zahl aller Evolution, die im Sinne der guten Mächte fortschreitet, eingeprägt. So leuchtet der Glanz der dreifachen Konjunktion immer wieder aus den himmlischen Sphären mahnend und ordnend dem Tier entgegen, das aus dem Abgrund aufsteigt und die Entwicklung jeweils vor ihrer Vollendung im Sinne der Siebenheit an sich reißen möchte.

Dabei muß aber wiederum bedacht werden, daß es ja die Sonne ist, die sich nach jeweils 973 Jahren mit dem Planetenpaar im gegenüberliegenden Sternbild zur rechten Zeit verbindet. Die Sonne selbst ruft also die beiden Wandelsterne beim Verweben ihrer Schleifen – wie bereits öfters betont – zum Höchstglanz und zur Verdreifachung der Großen Konjunktion auf. Sie stellt damit dem Sonnendämon Sorat, der mit der Zahl 666 verbunden ist, den Sternenrhythmus der Siebenheit entgegen. So gesehen, darf die ‹Königliche Gestirnung› wie ein Siegeszeichen erlebt werden im Kampf mit den Widersachermächten.

Auch dürfen wir uns angesichts der durch die Zahl 49 (7 mal 7) bestimmten Wiederholung der dreifachen Konjunktion daran erinnern, daß Pfingsten 7 Wochen, also 7 mal 7 Tage nach dem Ostersonntag gefeiert wird. Die Christus-Kraft der Ostersonne individualisierte sich am 50. Tage in den einzelnen Jüngern, die mit dem «Heiligen Geist» begabt wurden, und läßt so das Ziel aller menschlichen Zukunftsentwicklung aufleuchten. Sie steht im Einklang mit dem Urbild, das sich am Himmel in der von der Siebenheit durchwirkten Wiederkehr der dreifachen Konjunktion manifestiert. Möge die kosmische Beweglichkeit des Osterfest-Zyklus, die uns anregt, jedes Jahr aufs neue den Blick zum Himmelsrund zu lenken, auch an solche Sternengeheimnisse erinnern!

Der hier entwickelte polare Zusammenhang zwischen der Zahl 666 und dem 973jährigen Rhythmus von Jupiter und Saturn wird noch deutlicher, wenn wir uns daran erinnern, daß der im Sonnenwesen urständende 33jährige Rhythmus seit dem Mysterium von Golgatha als

Herzschlag des Auferstandenen den Menschheitsorganismus durchdringt. Wir haben bereits darauf hingewiesen, daß in dem 666jährigen Rhythmus des Bösen hierzu eine Art Gegenrhythmus vorliegt, dessen Verdreifachung im Jahre 1998 die diesmalige Jahrtausendwende stark dramatisiert.

So kann die Frage entstehen, ob der Rhythmus der dreifachen Konjunktion, bei dessen Entstehung die Sonne beteiligt ist, sich nicht auch mit dem Geheimnis der Sonnenzahl 33 verbindet. Zur Beanwortung dieser Frage sei ein Umweg erlaubt.

Der Mensch bemißt die Dauer seines Lebensganges auf Erden nach dem jährlichen Sonnenlauf durch den Tierkreis. Mit welchem kosmischen Maßstab aber bestimmen wir unser «Alter» im Leben zwischen Tod und neuer Geburt? Die Geisteswissenschaft gibt hier die überraschende Anwort, daß in den Sternensphären-Bereichen der Planet Saturn als Zeitgeber gilt. Ein 30jähriger Saturn-Umlauf entspricht einem Lebensjahr auf Erden und ersetzt in dieser Beziehung die Sonne. «Der Saturn läuft um so viel langsamer um die Sonne herum als die Erde, als der Mensch sich in der geistigen Welt langsamer bewegt als hier auf der physischen Erde.» Diese Verlangsamung ist nötig, weil wir unsere irdischen Erlebnisse und Erfahrungen viel tiefer und gründlicher verarbeiten müssen, als dies auf Erden möglich ist. «Man erlebt dadurch innerlicher, intensiver» in der Zeit, die der Geistesforscher ein «Geistesjahr»[83] nennt.

Um also in der geistigen Welt zum Beispiel seinen 33. Geburtstag feiern zu können, müßte man 33 Saturn-Umläufe von jeweils 29,4577 Erdenjahren Dauer abwarten. Mit irdischen Maßstäben gemessen, müßte man also 33 mal 29,4577 Sonnenjahre alt werden im Kosmos, das sind 972,104 Jahre. Diese Zahl ist uns nicht mehr unbekannt: Sie entspricht – nur etwa um ein Jahr abweichend – der durch Nielsen entdeckten Periode der Wiederkehr der fortlaufenden dreifachen Großen Konjunktion im gleichen Sternbild nach 973,1 Jahren! In der Tat kehrt Saturn nach 33 Umläufen – oder nach 33 «Geistesjahren» der entkörperten Menschenseele – zum Ort des Ausgangspunktes einer dreifachen Großen Konjunktion zurück. Er bewegt sich dann nur noch kurze Zeit (ein Jahr) weiter, um sich mit Jupiter zu einer erneuten dreifachen Konjunktion zu treffen. Letzterer hat in derselben Zeit 82 siderische Umläufe vollendet.

Umgekehrt gerechnet ergibt 973,1 dividiert durch die Länge der siderischen Umlaufzeit des Saturns von 29,4577 Jahren die Zahl 33,034. Die Stellen hinter dem Komma sind ein Ausdruck für das Vorrücken der dreifachen Konjunktion im Tierkreis.

Wir werden also von einer erstaunlichen astronomischen Tatsache überrascht: Der kosmische Zeitgeber Saturn hat die Zahl 33 des Sonnenwesens übernommen. Sie ist gemeinsam mit der Siebenzahl dem 973jährigen Rhythmus der Wiederkehr der dreifachen Großen Konjunktion von Saturn und Jupiter einverwoben. Wir werden in der Auffassung bestärkt, diesen annähernd ein Jahrtausend umfassenden Weltenrhythmus als einen *Rhythmus des Guten* zu empfinden, der schützend und sonnenverbunden das Planetensystem umspannt. Sein inneres «Zahlensystem» ist ein höchstes Meisterwerk jener bereits erwähnten hohen hierarchischen Mächte, welche den Zusammenklang der Planetenumläufe regeln. Der Einbau der Sonnenzahl 33 ist zugleich ein Ausdruck dafür, daß diese Mächte sich mit dem Christus-Geist selbst verbunden haben und den physischen Sternenabglanz seines Wirkens in urbildhafter Weise aus den Weltenweiten dem Erdendunkel zustrahlen.

Solche Erkenntnisse können für die Menschen, welche vor den herannahenden Krisen und Prüfungen der Jahrhundertwende die Augen nicht verschließen, eine Ermutigung bedeuten. Diese wird wachsen, wenn wir bedenken, daß es insgesamt mindestens sechs solcher majestätischer Weltenrhythmen sind, welche die Menschheit durch Jahrtausende begleiten. Sie lassen immer wieder das Licht der dreifachen Konjunktion als den Gruß einer nach ewigen göttlichen Gesetzen geordneten höheren Welt aus dem Umkreis «Seelen begnadend» aufleuchten. Dieses Licht erhellt die Geheimnisse jener Kräftewelten, deren bewußtes Erfassen die Menschheit in die Lage versetzen wird, angesichts der Jahrtausendwende den sich ballenden Widersachermächten, die über die drei angeführten Gegenrhythmen hereinwirken, das erforderliche Gleichgewicht zu halten.

Mögen diese Betrachtungen über die vielfältigen Begegnungsrhythmen von Saturn und Jupiter und über ihren Zusammenhang mit dem menschlichen Leben den Leser angeregt haben, mit neuem Interesse zum Sternenhimmel aufzublicken und zugleich das Gesetz der Großen Konjunktion in sich selbst zu erfüllen. Die ersten Schritte dazu wären getan, wenn wir mit der nach außen gewendeten Frommheit der Hirtenherzen auch die Sterne im Sinne eines moralischen Naturerlebens wieder anschauen lernten. Das Aufleuchten der gewonnenen geometrisch-mathematischen Erkenntnisse im Innern aber vermag als Keim einer zukünftigen Astrosophie die alten Königskräfte der Sternenweisen in neuer Weise zu erwecken und zu beleben. Der Zusammenklang dieser Kräftepolarität in uns selbst mit der neu erfahrbaren Geistigkeit des Kosmos kann bewirken:

> Daß gut werde,
> Was wir aus Herzen gründen,
> Aus Häuptern zielvoll führen wollen.

Tabelle der Rhythmen

Sonne: Umlauf durch den Tierkreis (Rückkehr
zum Frühlingspunkt) 365,242   Tage
Zusammenklang von Jahresgang und Tageslauf
alle (365,242198 Tage x 33 = 12052,992 Tage) . .   33   Jahre
Platonisches Weltenjahr (Umlauf des Frühlingspunktes) 25920   Jahre

Mond: siderischer Rhythmus (Umlauf durch den
Tierkreis) . . . .   27,321661 Tage
synodischer Rhythmus (Mondphasenwechsel) .   29,530588 Tage
ein Mondjahr = 12synodische Monate . . . . .   354,367 Tage
Differenz zwischen Mondjahr und Sonnenjahr .   10,875 Tage
33 Sonnenjahre . . . .   34,013 Mondjahre
Mondknoten-Umlauf   18,6   Jahre

Saturn: siderischer Umlauf . . . .   29,4577 Jahre
synodische Periode: . . . .   1 Jahr 13 Tage

Jupiter: siderischer Umlauf . . . .   11,8622 Jahre
synodische Periode: . . . .   1 Jahr 33 Tage

Rhythmen der Großen Konjunktion von Saturn und Jupiter

Rhythmus der Großen Konjunktion von Saturn
und Jupiter   19,8593   Jahre

Aufeinanderfolge der Großen Konjunktion im
gleichen Sternbild   59,58   Jahre
(Verschiebung der Trigonspitze im gleichen
Sternbild 8,37°)

Trigonperiode: Austausch der Trigonspitze im
gleichen Sternbild   854   Jahre
Diese Periode enthält: 43 Große Konjunktionen,
29 Saturn-Umläufe: 29 x 29,4577 = 854,27 Jahre
72 Jupiter-Umläufe: 72 x 11,8622 = 854,07 Jahre

Konjunktionsrhythmus im Verhältnis zum Frühlingspunkt   797   Jahre
(Trigonspitze kreuzt sich mit dem Frühlingspunkt, die Große Konjunktion findet in seiner unmittelbaren Nähe statt)
Dieser Rhythmus umfaßt 40 Große Konjunktionen   794,40   Jahre

Umlauf des Trigon der Großen Konjunktionen durch alle 12 Sternbilder des Tierkreises   2621,5   Jahre
Diese Periode umfaßt 132 Große Konjunktionen, 89 Saturn-Umläufe und 221 Jupiter-Umläufe (nach W. Greub)
Zyklus der dreifachen Großen Konjunktion (‹königliche Gestirnung›) in demselben Sternbild (er entspricht 7x7=49 Großen Konjunktionen; oder 33 Saturn-Umläufen)   973,1   Jahre

Anmerkungen und Literaturhinweise

1 Zitat aus: Emil Bock, «Kindheit und Jugend Jesu», 6. erw. Auflage, Stuttgart 1979.

2 Wilhelm Kestranek, «Der Stern von Bethlehem», ein nicht veröffentlichter Vortrag, gehalten in der Österr. Astrologischen Gesellschaft am 18. Dez. 1952.

3 Zitate aus «Die Astrologie des Johannes Kepler», eine Auswahl aus Keplers Schriften, hrsg. v. H. A. Strauss und S. Strauss-Kloebe, 2. Aufl. Fellbach 1981.

4 Suso Vetter, «Johannes Kepler und der Stern der Weisen»; in «Das Goetheanum», 61. Jg., Nr. 3.

5 Huberta von Bronsart, «Kleine Lebensbeschreibung der Sternbilder», Stuttgart 1963.

6 Rudolf Steiner, «Christus und die geistige Welt», Vortrag vom 2. 1. 1914, GA 149.

7 Ormond Edwards, «Chronologie des Lebens Jesu und das Zeitgeheimnis der drei Jahre», Stuttgart 1978.

8 Suso Vetter, «Der Tod des Herodes und der Stern von Bethlehem»; in «Das Goetheanum», 60. Jg., Nr. 2.

9 «Beiträge zur Rudolf Steiner Gesamtausgabe», 1977, Nr. 60.

10 Rudolf Steiner, «Das Dreikönigsfest», Vortrag vom 30. 12. 1904; veröffentlicht in: «Was in der Anthroposophischen Gesellschaft vorgeht», 19. Jg., Nr. 1.

10a In: «Der historische Jesus und der Christus unseres Glaubens», herausgegeben von Kurt Schubert, 1962.

10b Schalom Ben Chorin, «Paulus, Der Völkerapostel in jüdischer Sicht», dtv 2. Aufl. 1981.

11 Rudolf Steiner, «Das Matthäus-Evangelium», 6. Vortrag vom 6. 9. 1910, GA 123.

12 Zitat aus Emil Bock, «Kindheit und Jugend Jesu»; siehe Anm. 1.

13 Siehe Anm. 6, Vortrag vom 2. 1. 1914.

14 Rudolf Steiner, «Esoterische Betrachtungen karmischer Zusammenhänge», 5. Band, Vortrag vom 30. 3. 1924, GA 239.

15 Rudolf Steiner, «Weltenwunder, Seelenprüfungen und Geistesoffenbarungen», 6. Vortrag vom 26. 8. 1911, GA 129.

16 Rudolf Steiner, «Das Verhältnis der verschiedenen naturwissenschaftlichen Gebiete zur Astronomie», 18. Vortrag vom 18. 1. 1921, GA 323.

17 Rudolf Steiner, «Esoterische Betrachtungen karmischer Zusammenhänge», 3. Band, Vortrag vom 6. 7. 1924, GA 237.

18 Rudolf Steiner, «Die Suche nach der neuen Isis, der göttlichen Sophia», Vortrag vom 23. 12. 1920, GA 202.

19 Siehe Anm. 18, Vortrag vom 25. 12. 1920.

20 Joachim Schultz, «Zeichen der Sternenschrift über dem Lebensweg Tycho Brahes und Johannes Keplers»; aus «Was in der Anthroposophischen Gesellschaft vorgeht», Jg. 1954, Nr. 27.

21 Walther Bühler, «Geistige Hintergründe der Kalenderordnung, Vom Wesen der Woche, die Beweglichkeit des Osterfestes, die Kalenderreform», Stuttgart 1978.

22 Rudolf Steiner, «Die geistigen Wesenheiten in den Himmelskörpern und Naturreichen», Vortrag vom 7. 4. 1912, GA 136.

23 Rudolf Steiner, «Der Pfingstgedanke als Empfindungsgrundlage zum Begreifen des Karma», Vortrag vom 4. 6. 1924, GA 236.

24 Rudolf Steiner, «Esoterische Betrachtungen karmischer Zusammenhänge», 3. Band, Vortrag vom 4. 7. 1924, GA 237.

25 Rudolf Steiner, «Die geistige Vereinigung der Menschheit durch den Christusimpuls», Vortrag vom 31. 12. 1915, GA 165.

26 Rudolf Steiner, «Die wahren ästhetischen Formgesetze», Vortrag vom 5. 7. 1914, GA 286.

27 Erika Beltle, «Kunstprobleme»; in «Mitteilungen aus der anthroposophischen Arbeit in Deutschland», 35. Jg., Nr. 2.

28 Rudolf Steiner, «Der Mensch als Zusammenklang des schaffenden, bildenden und gestaltenden Weltenwortes», Vortrag vom 28. 10. 1923, GA 230.

29 Näheres über die Entstehung des Lebenspanoramas siehe: Friedrich Husemann, «Vom Sinn und Bild des Todes», 4. Aufl. Stuttgart 1979; und Walther Bühler, «Die Furcht vor dem Tode und ihre Überwindung», Merkblatt Nr. 25 der Sozialhygienischen Schriftenreihe des Vereins für ein erweitertes Heilwesen, Bad Liebenzell 1980.

30 Rudolf Steiner, Vortrag vom 10. 9. 1924, GA 318.

31 Siehe Joachim Schultz, «Pflanzen, Planeten, Goldener Schnitt», drei Aufsätze, herausgegeben vom Forschungsring für biologisch-dynamische Wirtschaftsweise, Darmstadt.

31a Joachim Schultz, «Rhythmen der Sterne», S. 218, Dornach 1977.

32 Siehe Anm. 18, Vortrag vom 25. 12. 1920.

33 Siehe Anm. 30, Vortrag vom 17. 9. 1924.

34 Rudolf Steiner, «Der menschliche und der kosmische Gedanke», Vortrag vom 22. 1. 1914, GA 151.

35 Benutzt wurden dazu die in USA erschienenen «Solar and Planetary Longitudes», herausgegeben von The University of Wisconsin Press, Madison. Diese Tabelle enthält die Gestirnsstellungen der Sonne und der fünf mit bloßem Auge sichtbaren Planeten über 4500 Jahre von 2500 v. Chr. bis 2000 n. Chr. in 10tägigen Abständen.

36 Rudolf Steiner, «Das Ich und die Sonne, der Mensch innerhalb der Sternenkonstellation», Vortrag vom 5. 5. 1921; veröffentlicht in «Perspektiven der Menschheitsentwicklung», GA 204.

37 Rudolf Steiner, «Aus der Akashaforschung. Das fünfte Evangelium», Vortrag vom 4. 10. 1913, GA 148.

38 Siehe Anm. 37, Vortrag vom 6. 1. 1914.

39 Rudolf Grosse, «Das Wesen Anthroposophie», Dornach 1982.

40 Rudolf Steiner, «Geistige und soziale Wandlungen», Vortrag vom 16. 1. 1920, GA 196.

41 Rudolf Steiner, «Erbsünde und Gnade», Vortrag vom 3. 5. 1911; veröffentlicht in «Die Mission der neuen Geistesoffenbarung», GA 127.

42 Rudolf Steiner, «Et incarnatus est», Vortrag vom 23. 12. 1917; veröffentlicht in «Mysterienwahrheiten und Weihnachtsimpuls», GA 180.

43 Rudolf Steiner, «Der Orient im Lichte des Okzidents», Vortrag vom 23. 8. 1909, GA 113.

44 Rudolf Steiner, «Das Prinzip der spirituellen Ökonomie im Zusammenhang mit Wiederverkörperungsfragen», Vortrag vom 11. 4. 1909, GA 109/111.

45 Rudolf Steiner, «Anthroposophische Leitsätze», Dornach 1976, GA 26.

46 Rudolf Steiner, «Wahrspruchworte», GA 40.

47 Siehe Anm. 11, Vortrag vom 4. 9. 1910.

48 Siehe Anm. 11, Vortrag vom 5. 9. 1910.

49 Eine ausführlichere Darstellung dieser Periode findet sich in dem Werk von Werner Greub, «Wolfram von Eschenbach und die Wirklichkeit des Grals», Dornach 1974. Es ist das Verdienst von Greub, auf diesen Rhythmus der Großen Konjunktion erneut aufmerksam gemacht und seine Länge astronomisch klargestellt zu haben, zumal in der zuständigen Literatur abweichende Zahlen im Umlauf sind. Kleinere Variationen ergeben sich allerdings dadurch, daß die Schleifenbewegung der Wandelsterne mit hineinspielt. Daß die beiden Planeten aber im Gleichklang nach rund 854 Jahren zusammentreffen müssen, zeigt folgende Rechnung: 29 Saturn-Umläufe zu 29,4577 Jahren ergeben 854,27 und 72 Jupiter-Umläufe zu 11,8622 Jahren 854,07 Jahre.

50 Rudolf Steiner, Vortrag vom 7. 2. 1909, Anhang in GA 109, siehe Anm. 44.

51 Siehe Anm. 49. Greub hat in seinem Buche (S. 462 ff.) dargestellt, aus welchen Gründen diese große Trigonperiode nicht, wie zu erwarten, 3×854 Jahre (= 2562 Jahre), sondern einen längeren Zeitraum umfaßt.

52 Rudolf Steiner, «Die Rätsel der Philosophie in ihrer Geschichte als Umriß dargestellt», Dornach 1968, GA 18.

53 Rudolf Steiner, «Wege geistiger Erkenntnis und der Erneuerung künstlerischer Weltanschauung», Vortrag vom 10. 1. 1915, GA 161.

54 Andere Autoren rechnen mit einer Periode von 754 Jahren, z. B. Thomas Ring, in Werkstattblätter der Thomas-Ring-Stiftung. Nach Ring rechnete auch Kepler «in seinen Geschichtsbetrachtungen . . . mit einer rund 800jährigen Periode, nach der sich die Zusammenkunft am Himmel wieder an derselben Stelle der Ekliptik ereignet».

55 Rudolf Steiner, «Initiationswissenschaft und Sternenerkenntnis», Vortrag vom 27. 7. 1923, GA 228.

56 Siehe Anm. 11, Vortrag vom 11. 9. 1910.

57 Der 800jährige Konjunktionsrhythmus bezieht sich auf den Frühlingspunkt. Dieser ist der Ausgangsort der Einteilung der Sonnenbahn (Ekliptik) in die zwölf jeweils genau 30° umfassenden Tierkreiszeichen. Es ist hier nicht der Ort, den Unterschied von Bild und Zeichen zu erörtern. Es muß jedoch die Frage aufgeworfen werden, ob das Einwirken der Großen Konjunktion auf die Philosophie-Entwicklung über die zwölf Tierkreis-Zeichen geschieht, da ihnen nach den uralten Erfahrungen der Astrologie im Horoskop des Menschen die größte Bedeutung zukommt.

58 Rudolf Steiner, «Vorstufen zum Mysterium von Golgatha», Vortrag vom 5. 3. 1914, GA 152.

59 Rudolf Steiner, «Initiationserkenntnis», Vortrag vom 28. 8. 1923, GA 227.

60 Rudolf Steiner, «Geistige Hierarchien und ihre Widerspiegelung in der physischen Welt», Vortrag vom 14. 4. 1909, GA 110.

61 Rudolf Steiner, «Der Christusimpuls im Zeitenwesen und sein Walten im Menschen», Vortrag vom 7. 3. 1914; veröffentlicht in «Vorstufen zum Mysterium von Golgatha», GA 152.

62 Rudolf Steiner, «Lebendiges Naturerkennen, intellektueller Sündenfall und · spirituelle Sündenerhebung», Vortrag vom 26. 1. 1923, GA 220.

63 Siehe Anm. 61, Vortrag vom 30. 3. 1914.

64 Siehe Anm. 62, Vortrag vom 21. 1. 1923.

65 Walther Bühler, «Die Sternenschrift unseres Jahrhunderts», Stuttgart 1962.

65a Private Mitteilung.

66 Karl Stockmeyer, «Über die Einheit von Tempel und Kultus im Zusammenhang mit der Goetheanum-Bauidee»; in: Rudolf Steiner, «Bilder okkulter Siegel und Säulen», Dornach 1977, GA 284/285.

67 Rudolf Steiner, «Offenbarungen des Karma», Vortrag vom 15. 5. 1910, GA 120.

68 Rudolf Steiner, «Das Ereignis der Christus-Erscheinung in der ätherischen Welt», Vortrag vom 5. 3. 1910, GA 118.

69 Rudolf Steiner, «Der Christusimpuls und die Entwicklung des Ichbewußt-
seins», Vortrag vom 9. 3. 1910, GA 116.

70 Siehe Anm. 68, Vortrag vom 13. 3. 1910.

71 Siehe «Stuttgarter Zeitung», Nr. 189, 1982.

72 Rudolf Steiner, «Die Apokalypse des Johannes», Vortrag vom 29. 6. 1908,
GA 120.

73 Siehe Anm. 11, Vortrag vom 5. 9. 1910.

74 Rudolf Steiner, «Die Polarität von Dauer und Entwicklung im Menschenleben», Vortrag vom 11. 10. 1918, GA 184.

75 Siehe Anm. 62, Vortrag vom 21. 1. 1923.

76 Näheres siehe Rudolf Steiner / Ita Wegman, «Grundlegendes für eine
Erweiterung der Heilkunst nach geisteswissenschaftlichen Erkenntnissen»,
Kapitel III, Dornach 1965, GA 216.

77 Schalom Ben Chorin, «Bruder Jesus. Der Nazarener in jüdischer Sicht»,
3. Aufl., München 1970.

78 Rudolf Steiner, «Individuelle Geistwesen und ihr Wirken in der Seele des
Menschen», Vortrag vom 25. 11. 1917, GA 178.

79 Rudolf Steiner, «Der Tod als Lebenswandlung», Vortrag vom 16. 10.1918
(«Wie finde ich den Christus?»), GA 182.

80 Siehe Anm. 68, Vortrag vom 15. 3. 1910.

81 Siehe Anm. 68, Vortrag vom 15. 3. 1910.

82 Näheres zum Wesen der Fünfzahl siehe: Ernst Bindel, «Die ägyptischen
Pyramiden als Zeugen vergangener Mysterienweisheit», 5. Aufl. Stuttgart
1979.

83 Rudolf Steiner, «Die Verbindung zwischen Lebenden und Toten», Vortrag
vom 3. 12. 1916, GA 168.

84 Herman M. Aisenpreis, «Die Holzbauten der Normannen und der erste
Goetheanumbau»; in «Mitteilungen aus der anthroposophischen Arbeit in
Deutschland», Jg. 1964, Nr. 4.